电子信息前沿技术丛书

Image Processing and Machine Learning Volume 1
Foundations of Image Processing

图像处理和机器学习
（上册）　图像处理基础

[墨] 埃里克·奎亚斯（Erik Cuevas）
　　 阿尔玛·纳耶丽·罗德里格斯（Alma Nayeli Rodriguez） / 著
　　 章毓晋 / 译

清华大学出版社
北　京

北京市版权局著作权合同登记号　图字：01-2024-4522

Image Processing and Machine Learning, Volume 1: Foundations of Image Processing, 1st Edition / by Erik Cuevas, Alma Nayeli Rodriguez / ISNB: 9781032234588

© 2024 Erik Cuevas and Alma Rodríguez

Authorized translation from English language edition published by CRC Press, a member of the Taylor & Francis Group.；All rights reserved. 本书原版由 Taylor & Francis 出版集团旗下，CRC 出版公司出版，并经其授权翻译出版。版权所有，侵权必究。

Tsinghua University Press is authorized to publish and distribute exclusively the Chinese (Simplified Characters) language edition. This edition is authorized for sale in the People's Republic of China only, excluding Hong Kong, Macao SAR and Taiwan. No part of the publication may be reproduced or distributed by any means, or stored in a database or retrieval system, without the prior written permission of the publisher. 本书中文简体翻译版授权由清华大学出版社独家出版。此版本仅限在中华人民共和国境内（不包括中国香港、澳门特别行政区和中国台湾地区）销售。未经出版者书面许可，不得以任何方式复制或发行本书的任何部分。

Copies of this book sold without a Taylor & Francis sticker on the cover are unauthorized and illegal.

本书封面贴有 Taylor & Francis 公司防伪标签，无标签者不得销售。
版权所有，侵权必究。举报：010-62782989，beiqinquan@tup.tsinghua.edu.cn。

图书在版编目（CIP）数据

图像处理和机器学习. 上册，图像处理基础 /（墨）埃里克·奎亚斯，（墨）阿尔玛·纳耶丽·罗德里格斯著；章毓晋译. -- 北京：清华大学出版社，2025. 4. --（电子信息前沿技术丛书）. -- ISBN 978-7-302-68793-1

Ⅰ. TN911.73;TP181

中国国家版本馆 CIP 数据核字第 2025SL8302 号

责任编辑：文　怡　李　晔
封面设计：王昭红
责任校对：韩天竹
责任印制：杨　艳

出版发行：清华大学出版社
　　　　　网　　址：https://www.tup.com.cn，https://www.wqxuetang.com
　　　　　地　　址：北京清华大学学研大厦 A 座　　邮　　编：100084
　　　　　社 总 机：010-83470000　　　　　　　　　邮　　购：010-62786544
　　　　　投稿与读者服务：010-62776969，c-service@tup.tsinghua.edu.cn
　　　　　质量反馈：010-62772015，zhiliang@tup.tsinghua.edu.cn
　　　　　课件下载：https://www.tup.com.cn，010-83470236
印 装 者：三河市铭诚印务有限公司
经　　销：全国新华书店
开　　本：185mm×260mm　　　　印　张：9.25　　　　字　数：231 千字
版　　次：2025 年 5 月第 1 版　　　　　　　　　　　　印　次：2025 年 5 月第 1 次印刷
印　　数：1～1500
定　　价：49.00 元

产品编号：108807-01

译者序
FOREWORD

本书译自 *Image Processing and Machine Learning*（《图像处理与机器学习》）一书的上册。原书精选了图像处理方面的一些典型内容，又结合了机器学习的一些基本概念；既包含经典的图像处理技术，还包含人工智能中机器学习的方法。原书整体先修要求较低，篇幅紧凑，重点突出，可作为相关工程技术专业的教材或参考书。

为了方便学习和使用，作者将原书的全部内容分为上下两册。本书作为上册，主要介绍图像处理基础，图文并茂，描述具体，非常适合作为计算机类和电子信息类以外其他专业人员了解图像处理技术的相关课程的入门教材。另外，对上册的学习也为下册更深入内容的学习打下一个很好的基础。

本书对抽象概念的介绍浅显易懂，直观性好。书中在给出基础概念的描述性定义后，或举出一个带有具体数据的示例，或给出相应的实际图片，以帮助读者直观和快速地理解内容含义。书中还给出了若干图像处理重要算法的 MATLAB 代码，并展示了操作处理的结果。对有些算法，不仅采用了 MATLAB 编程，还与 MATLAB 图像处理工具箱中的已有函数进行了对比。这样做除了可以进一步加强学习理解的效果，也可让读者借此参照进行实践练习，或直接应用于工程项目。

从结构上看，本书共有 6 章正文，包括 39 节，83 小节。全书共有编了号的图 136 个、表 4 个、公式 177 个，以及 6 个算法和 23 个 MATLAB 程序。本书各章中引用的参考文献均直接附在各章后。本书除可作为相关工程专业的学生学习的精炼且实用的教材外，也可供涉及相关领域科技开发和技术应用，具有不同专业背景的技术人员自学参考。

本书的翻译基本忠实于原书的整体结构、描述思路、文字风格和图表形式。对明显的印刷错误，直接进行了修正。另外，根据中文图书的出版规范进行了一些字体调整，如将原文中矢量和矩阵均改用了黑斜体表示。

为教学方便起见，译者为每章均配备了讲课视频（PPT 讲稿+语音讲解），供教学参考和使用（在每章标题处扫描二维码即可下载）。部分彩图可扫描书中二维码查看，便于阅读。

最后，译者感谢妻子何芸、女儿章荷铭等家人在各方面的理解和支持。

章毓晋

2025 年 3 月于书房

通信：北京清华大学电子工程系，100084

邮箱：zhang-yj@tsinghua.edu.cn

主页：oa.ee.tsinghua.edu.cn/zhangyujin/

前言

PREFACE

　　图像处理是一个重要的研究领域,因为它能改善和操纵各种应用中的图像,如在分析和诊断中起着重要作用的 X 射线、CT 扫描和 MRI 图像等医学影像。图像处理算法可以用于监控系统,以检测和跟踪物体,增强图像质量,并进行面部识别。在遥感中,图像处理技术用于分析各种情况下的卫星和航空图像,以实现环境监测和资源管理等目的。在多媒体系统,如照片编辑软件和视频游戏中,它应用于增强和操纵图像显示。总体而言,图像处理具有广泛的应用,并已成为许多行业的关键工具,这使其成为一个重要的研究领域。

　　机器学习(ML)是人工智能的一个研究领域,它允许在没有明确编程的情况下从数据中学习并做出预测或决策。例如,在自动化领域中 ML 算法可以自动完成原本需要人工干预的任务,减少错误并提高效率;在预测分析中,ML 模型可以分析大量数据,以识别模式并进行预测,这可以用于各种应用,如股市分析、欺诈检测和客户行为分析;在决策中,ML 算法可以根据数据提供见解和建议,帮助机构做出更好、更明智的决策。

　　图像处理和机器学习的结合涉及使用两个领域的技术来分析和理解图像。图像处理技术用于对图像进行预处理,如滤波、分割和特征提取,而 ML 算法用于分析和解释处理后的数据,如分类、聚类和目标检测。目的是利用每个领域的优势构建计算机视觉系统,在无须人工干预的情况下自动分析和理解图像。通过这种组合,图像处理技术可以提高图像的质量,从而提高 ML 算法的性能。ML 算法可以自动分析和解释图像,这可减少手动干预。

　　我们的主要目标是编写一本全面的教科书,将之作为图像处理课程的有用资源。为此,我们精心安排内容,涵盖了流行图像处理方法的理论基础和实际应用。从像素运算到几何变换,从空间滤波到图像分割,从边缘检测到彩色图像处理,完全涵盖了处理和理解图像所必需的广泛主题。此外,因为认识到 ML 在图像处理中日益增强的相关性,所以引入了基本的 ML 概念及其在该领域的应用。通过介绍这些概念,旨在为读者提供必要的知识,利用 ML 技术执行各种图像处理任务。我们的最终愿望是让全书成为学生和从业者的有用工具,让他们对图像处理的基本原理有一个扎实的理解,并能够在现实世界中应用这些技术。

　　为了涵盖所有重要信息,有必要包括许多章节和程序。因此,全书包含了大量的内容和编程示例。然而,一本包含多个章节和程序的单册书可能会让读者应接不暇,因此我们决定将全书分为两册。进行拆分的主要目的是确保读者恰当地处理和理解全书内容。通过将内容分为两册,使得全书变得更容易理解和使用,防止读者被巨量信息所淹没。这种深思熟虑的划分有助于获得更顺畅的学习体验,使读者能够更有效地浏览和深入研究内容,并以自己的节奏掌握概念和技术。总的来说,将全书分为两册的决定旨在优化读者对本书提供的大量材料和程序的理解效果和参与感。

为了确保读者能够有效地浏览和领悟全书内容,我们决定将其分为两册:上册为《图像处理基础》,下册为《图像分析和机器学习》。

上册涵盖了图像处理的基本概念和技术,包括像素操作、空间滤波、边缘检测、图像分割、角点检测和几何变换。它为读者理解图像处理的核心原理和实际应用奠定了坚实的基础。通过重点关注上册的 6 章内容,可为对该领域的进一步探索奠定必要的基础。在从上册获得的知识的基础上,下册更多关注图像分析的内容。它涵盖了一系列主题,包括形态滤波器、彩色图像处理、几何变换、图像匹配识别、基于特征使用均移算法的分割以及奇异值分解(SVD)在图像压缩中的应用。除了介绍图像处理的先进概念和技术外,下册还提供了应用于该领域的几种重要的 ML 技术。因为认识到 ML 在图像分析中日益重要的意义,并了解其在增强图像处理任务方面的潜力,下册引入了相关的 ML 方法。

将全书分为两册,使得每一册都能单独作为独立的、自包含的资源,这意味着读者可以灵活地独立学习或温习每一册的内容,而不必依赖另一册的上下文或理解。通过保持独立的结构,读者可以按模块化的方式处理材料,根据需要关注特定方面或重新阅读特定章节。

上册介绍图像处理的基本概念和技术。它为理解图像处理的核心原理和实际应用奠定了基础。通过关注这些基本主题,上册旨在让读者对图像处理的核心概念和基本技术有一个扎实的理解。它构成了在下册中进一步探索更深入主题和 ML 应用程序的基础。无论你是该领域的学生还是从业者,上册都将为你提供必要的知识,使你能够自信地领会和完成图像处理任务。

许多关于图像处理技术的书籍都是面向具有强大数学背景的读者的。在回顾了各种相关书籍后,作者注意到需要对这些主题采取更通用、技术性较低的方法,以吸引更广泛的读者和学生。全书包含了其他类似书籍中的所有主题,但更强调解释、实践和使用方法,而较少强调数学细节。

全书不仅涵盖了图像处理的关键概念和技术,还提供了大量的代码和实现。作者认为这是本书的一个重要特点。即使是那些数学能力很强的读者,当他们在代码中看到它之前,也很难完全掌握一种特定的方法。通过在代码中实现算法和方法,可消除混淆或不确定性,使技术更容易理解和传播。采用这种方式,当读者在书中从较简单的方法进展到更复杂的方法时,对计算(实现的代码)的关注使他们能够看懂各种模型,并加强他们的数学理解。

许多类似的书只关注理论内容,而那些涵盖实际实现的书通常提供了从头开始的开发算法的通用方法。教学经验表明,当学生能够访问他们可以实验和修改的代码时,他们会更快地理解书中的内容。全书使用 MATLAB 作为编程语言来实现系统,因为它在工程师中很受欢迎,并且它为各个学科收集了大量的函数库。在工程中也会使用其他编程语言,如 Java、R、C++和 Python,但 MATLAB 以其独特的表现脱颖而出。

对于初学者来说,由于涉及大量的数学概念和技术,图像处理中所使用的众多计算方法可能会让人应接不暇。一些实用书籍试图通过提供已有的各种方法来解决这个问题。然而,如果问题的假设没有得到满足怎么办?在这种情况下,有必要修改或调整算法。为了实现这一点,至关重要的是,全书提供了领会和理解基础数学所需的概念。全书的目的是通过提供最常用的、全面和可接受的算法和流行的图像处理方法来实现平衡,重点是严谨性。

尽管图像处理方法涉及大量的数学概念,但在不深入了解其数学基础的情况下使用这些模型是可能的。对许多读者来说,通过编程而非复杂的数学模型来学习图像处理是一个更可行的目标。全书旨在实现这一目标。

通过将理论知识与计算机实践练习相结合,允许学生编写自己的图像数据处理代码,从而有效地完成图像处理教学。随着图像处理原理被广泛地应用于各种领域,如 ML 和数据分析,对精通这些概念的工程师的需求越来越大。许多大学通过提供涵盖使用最广泛的技术的图像处理综合课程来满足这一需求。图像处理被认为是一门非常实用的学科,它启发学生了解如何将图像变换等转换为代码,以产生吸引人的视觉效果。

书中的材料是从教学角度选取的。出于这个原因,全书主要作为科学、电气工程或计算数学的本科生和研究生的教科书。全书适用于图像处理、计算机视觉、人工视觉和图像理解等课程。全书旨在为一个完整的学期提供支持涵盖整个课程的必要材料,并确保研读这些科目的学生获得全面的学习体验。

上册的组织方式使读者能够轻松地理解每一章的目标,并通过使用 MATLAB 程序的实践练习来加强他们的理解。它由 6 章组成,每一章的细节如下。

第 1 章 探讨了像素运算、它们的性质以及它们在图像处理中的应用。还解释了图像直方图和像素运算之间的关系,并使用 MATLAB 的数值示例来帮助说明这些概念。

第 2 章 重点分析了空域滤波,即不仅考虑图像像素本身的原始值,还考虑其相邻元素的值来修改图像的每个像素。

第 3 章 描述了图像的边缘或轮廓的概念,这对应于图像分析的一个重要组成部分。还介绍了现有的主要边缘定位方法、其性质和特殊性,这些方法是在 MATLAB 中实现的,更便于读者理解。

第 4 章 介绍了图像分割和二值图像的处理。分割包括隔离图像中的每个单独的二值目标。隔离开这些目标后,可以评估其各种特性,如目标的数量、位置和组成目标的像素数量。

第 5 章 概述了鉴别角点的主要方法、它们的关键特性、定义方程及其在 MATLAB 中的实现。

第 6 章 介绍了检测几何形状,如直线或圆的主要方法。

在 5 年多的时间里,我们进行了广泛的测试和实验,以有效地将这些内容呈现给不同的受众。此外,非常感谢我们的学生,特别是墨西哥瓜达拉哈拉大学的 CUCEI 学生对我们坚定不移的支持和理解。在本书的编写过程中,我们的同事所提供的宝贵的合作、协助和讨论令人印象深刻。我们向所有为这一成果做出贡献的人表示最诚挚的感谢。

埃里克·奎亚斯

阿尔玛·纳耶丽·罗德里格斯

瓜达拉哈拉,哈利斯科,墨西哥

目录
CONTENTS

第1章 像素运算 …………… 1
  1.1 引言 ………………………… 1
  1.2 改变像素强度值 ……………… 2
    1.2.1 对比度和照度或亮度 ……………………… 2
    1.2.2 限定像素运算的结果 ……………………… 2
    1.2.3 图像补 ………………… 3
    1.2.4 阈值分割 ……………… 3
  1.3 直方图和像素运算 …………… 4
    1.3.1 直方图 ………………… 5
    1.3.2 图像采集特性 ………… 6
    1.3.3 用MATLAB计算图像的直方图 ……… 9
    1.3.4 彩色图像的直方图 ……………………… 9
    1.3.5 像素运算对直方图的影响 ……………… 11
    1.3.6 自动对比度调整 …… 11
    1.3.7 累积直方图 ………… 13
    1.3.8 直方图线性均衡化 …………………… 14
  1.4 伽马校正 …………………… 15
    1.4.1 伽马函数 …………… 16
    1.4.2 伽马校正的应用 …… 16
  1.5 MATLAB像素操作 ………… 17
    1.5.1 用MATLAB改变对比度和亮度 …… 17
    1.5.2 用MATLAB阈值化分割图像 ……… 17
    1.5.3 用MATLAB调整对比度 ……………… 18
    1.5.4 用MATLAB进行直方图均衡化 …… 18
  1.6 多源像素运算 ……………… 22
    1.6.1 逻辑和算术运算 … 23
    1.6.2 Alpha混合运算 … 24
  参考文献 ……………………… 25

第2章 空域滤波 ……………… 26
  2.1 引言 ………………………… 26
  2.2 什么是滤波器 ……………… 26
  2.3 空域线性滤波器 …………… 28
    2.3.1 滤波器矩阵 ………… 28
    2.3.2 滤波操作 …………… 28
  2.4 MATLAB中滤波操作的计算 ………………………… 29
  2.5 线性滤波器的类型 ………… 30
    2.5.1 平滑滤波器 ………… 30
    2.5.2 "盒"滤波器 ………… 30
    2.5.3 高斯滤波器 ………… 31
    2.5.4 差分滤波器 ………… 33
  2.6 线性滤波器的形式特征 …… 34
    2.6.1 线性卷积和相关 … 34
    2.6.2 线性卷积性质 …… 35
    2.6.3 滤波器的可分离性 ………………… 36

2.6.4　滤波器的脉冲响应 ………… 37
2.7　用MATLAB对图像加噪声 ……………… 38
2.8　空域非线性滤波器 ………… 40
　　2.8.1　最大值和最小值滤波器 …………… 41
　　2.8.2　中值滤波器 …… 41
　　2.8.3　具有多重性窗口的中值滤波器 …… 43
　　2.8.4　其他非线性滤波器 …………… 45
2.9　MATLAB中的线性空域滤波器 ………… 45
　　2.9.1　相关尺寸和卷积 … 45
　　2.9.2　处理图像边框 …… 47
　　2.9.3　实现线性空域滤波器的MATLAB函数 …………… 49
　　2.9.4　实现非线性空域滤波器的MATLAB函数 …………… 50
2.10　二值滤波器 …………… 53
参考文献 ……………… 58

第3章　边缘检测 …………… 59

3.1　边缘和轮廓 …………… 59
3.2　用基于梯度的技术检测边缘 …………… 60
　　3.2.1　偏导数和梯度 …… 60
　　3.2.2　导出的滤波器 …… 61
3.3　边缘检测滤波器 ………… 61
　　3.3.1　蒲瑞维特算子和索贝尔算子 ……… 62
　　3.3.2　罗伯特算子 ……… 63
　　3.3.3　罗盘算子 ………… 64
　　3.3.4　用MATLAB检测边缘 …………… 65
　　3.3.5　用于边缘检测的MATLAB函数 … 67

3.4　基于二阶导数的算子 ……… 69
　　3.4.1　使用二阶导数技术的边缘检测 ……… 69
　　3.4.2　图像的锐化增强 … 70
　　3.4.3　用MATLAB实现拉普拉斯滤波器和增强锐度 ……… 72
　　3.4.4　坎尼滤波器 ……… 74
　　3.4.5　实现坎尼滤波器的MATLAB工具 … 74
参考文献 ……………… 75

第4章　二值图分割和处理 … 76

4.1　引言 ………………… 76
4.2　分割 ………………… 76
4.3　阈值化 ……………… 77
4.4　最优阈值 …………… 79
4.5　大津算法 …………… 79
4.6　用区域生长分割 ……… 82
　　4.6.1　初始像素 ………… 82
　　4.6.2　局部搜索 ………… 82
4.7　二值图中的目标标记 … 85
　　4.7.1　暂时标记目标（步骤1） ………… 86
　　4.7.2　标记的传播 ……… 87
　　4.7.3　相邻标记 ………… 87
　　4.7.4　解决冲突（步骤2） ………… 88
　　4.7.5　用MATLAB实现目标标记算法 …… 88
4.8　二值图中的目标边界 … 91
　　4.8.1　外轮廓和内轮廓 … 91
　　4.8.2　轮廓识别和目标标记的结合 ……… 92
　　4.8.3　MATLAB实现 … 95
4.9　二值目标的表达 ……… 99
　　4.9.1　长度编码 ………… 99
　　4.9.2　链码 ……………… 100
　　4.9.3　差分链码 ………… 101

4.9.4　形状数 …………… 101
　　　4.9.5　傅里叶描述符 …… 102
　4.10　二值目标的特征 ………… 102
　　　4.10.1　特征 …………… 102
　　　4.10.2　几何特征 ……… 102
　　　4.10.3　周长 …………… 103
　　　4.10.4　面积 …………… 103
　　　4.10.5　紧凑度和
　　　　　　　圆度 …………… 103
　　　4.10.6　围盒 …………… 104
　参考文献 ……………………… 104

第5章　角点检测 ………………… 105
　5.1　图像中的角点 …………… 105
　5.2　哈里斯算法 ……………… 105
　　　5.2.1　结构矩阵 ………… 106
　　　5.2.2　结构矩阵的
　　　　　　 滤波 …………… 106
　　　5.2.3　本征值和本征矢量
　　　　　　 的计算 ………… 106
　　　5.2.4　角点值函数(V) … 107
　　　5.2.5　角点的确定 ……… 108
　　　5.2.6　算法实现 ………… 108

　5.3　用MATLAB确定角点
　　　 位置 ………………… 110
　5.4　其他角点检测器 ………… 113
　　　5.4.1　博代检测器 ……… 113
　　　5.4.2　基尔希和罗森菲尔德
　　　　　　 检测器 ………… 115
　　　5.4.3　王和布雷迪
　　　　　　 检测器 ………… 117
　参考文献 ……………………… 120

第6章　直线检测 ………………… 121
　6.1　图像中的结构 …………… 121
　6.2　哈夫变换 ………………… 121
　　　6.2.1　参数空间 ………… 122
　　　6.2.2　累积记录矩阵 …… 123
　　　6.2.3　参数化模型
　　　　　　 改变 …………… 124
　6.3　哈夫变换的实现 ………… 125
　6.4　在MATLAB中编程实现
　　　 哈夫变换 ……………… 127
　6.5　用MATLAB函数检测
　　　 直线 …………………… 131
　参考文献 ……………………… 134

第1章

像 素 运 算

1.1 引言

像素运算是指在图像上执行的、仅考虑图像中感兴趣像素值 $p=I(x,y)$ 的运算[1]。每个新计算出来的像素值 $p'=I'(x,y)$ 取决于相同位置处的原始像素值 $p=I(x,y)$。因此，它独立于其他像素的值，例如，其最近的邻居。新的像素值是通过函数 $f[I(x,y)]$ 确定的，因此

$$f[I(x,y)] \to I'(x,y) \tag{1.1}$$

图 1.1 显示了这类运算的执行过程。如果与前面的情况一样，函数 $f(\cdot)$ 与图像坐标无关，则其值不取决于像素位置，因此该函数被称为同质函数。典型的同质运算示例如下：

- 图像中的对比度和照明变化；
- 某些照明曲线的应用；
- 对图像的反转或求补；
- 图像的阈值分割；
- 图像的伽马校正；
- 图像的彩色变换。

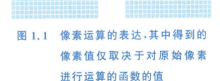

图 1.1 像素运算的表达，其中得到的像素值仅取决于对原始像素进行运算的函数的值

另外，非同质像素运算不仅考虑所讨论像素的值，还考虑其在图像中的相对位置，即 $I'(x,y)$。

$$g[I(x,y), x, y] \to I'(x,y) \tag{1.2}$$

常用的对图像执行的非同质运算是根据图像中像素的位置来改变图像的对比度或照度的。在这种情况下，一些图像像素变化很大，而其他像素将仅呈现较小的变化。

1.2 改变像素强度值

1.2.1 对比度和照度或亮度

图像的对比度可以定义为整幅图像中存在的不同强度值之间的关系[2]。对比度与强度值的分布方式有关[3]。假设强度值都集中在较低的值上,此时图像会显得较暗。反之,如果强度值都集中在较高的值上,则图像将看起来较明亮或被照亮了。为了举例说明这些情况,可以给出将图像的对比度增加50%的例子,这相当于应用了将像素值乘以1.5的同质函数。另一个例子可以是将照度或亮度增加100个单位,这相当于将所讨论像素的函数值增加100。在这两种情况下,同质函数可以分别定义如下:

$$f_c[I(x,y)] = I(x,y) \times 1.5 \tag{1.3}$$

$$f_h[I(x,y)] = I(x,y) + 100 \tag{1.4}$$

用于修改图像中对比度或照度的通用算子 $f(\cdot)$ 可以公式化如下:

$$I(x,y) = f(x,y) = c \times I(x,y) + b \tag{1.5}$$

式中,c 改变对比度值,b 改变亮度值或照度值,图1.2以图形方式显示了 c 和 b 的不同值产生的不同效果。

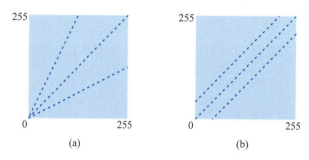

图 1.2 为生成像素 $I'(x,y)$ 而映射的图形表示

(a) 在式(1.5)中改变 c 的值且 $b=0$ 时; (b) 在式(1.5)中改变 b 的值且 $c=1$ 时

图1.3显示了对一幅图像应用上述同质运算的结果。

彩图

(a)

(b)

(c)

图 1.3 应用同质像素运算的示例

(a) 原始图像; (b) 对比度增加50%的图像; (c) 照度增加100个单位的图像

1.2.2 限定像素运算的结果

当使用同质运算时,计算得到的像素值可能超过由8位灰度图像定义的有限值。因此,新的像素值可能会超出0~255的范围。如果发生这种情况,那么图像数据类型会自动从

integer(uint8)更改为 float(double)。如果使用 C 语言等编写程序,则需要使用适当的说明来避免此问题。当像素值超过上限时保护程序的一个示例如下：

```
If (Ixy > 255)
Ixy = 255;
```

上面的运算具有消除由于在图像上应用同质运算而产生的任何过量的效果。这种效果在文献中通常被称为"钳位"。当新像素的计算值小于 8 位灰度图像定义的下限时,就会出现对像素执行同质运算的另一个问题。当照度值降低到某些级别,从而产生负值时,就可能会发生这种情况。如果使用以下保护程序,则可以避免此问题：

```
If (Ixy < 0)
Ixy = 0;
```

1.2.3 图像补

图像补或反转被认为是一种像素运算,其中像素值在相反的方向上改变(通过将像素值乘以 -1)。当在另一方向上时,要添加恒定的强度值,使结果落在允许值的范围内。在值的 $[0, p_{\max}]$ 范围内,对于一个像素 $p = I(x, y)$ 的补或反转运算定义为

$$f_{\text{inv}}(p) = p_{\max} - p \tag{1.6}$$

要在 MATLAB 中实现图像补运算,需要执行以下代码：

```
I = imread('extension');
Ig = rgb2gray(I);
IC = 255 - Ig;
```

其中,IC 是与 I 中存储的图像相对应的补的结果。图 1.4 显示了使用 MATLAB 中的先前代码在图像上应用图像补的效果。

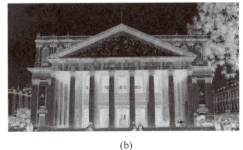

(a)   (b)

图 1.4 应用补码像素运算的结果
(a) 原始灰度图像；(b) 图像补

1.2.4 阈值分割

阈值分割可以被认为是一种特殊的量化形式,其中根据图像像素与预定义阈值 p_{th} 的关系将图像像素分为两类。图像中的所有像素根据它们与阈值的关系而转化为两个不同的值 p_0 或 p_1,形式上定义为

$$f_{\text{th}}(p) = \begin{cases} p_0, & p < p_{\text{th}} \\ p_1, & p \geq p_{\text{th}} \end{cases} \tag{1.7}$$

式中，$0 < p_{th} < p_{max}$。该运算的一个常见应用是通过考虑 $p_0 = 0$ 和 $p_1 = 1$ 对灰度图像进行二值化。图 1.5 显示了通过对图像使用阈值进行分割的示例。可以在图像的直方图中清楚地看到二值化的效果，其中整个分布仅分为两个部分 p_0 和 p_1，如图 1.6 所示。

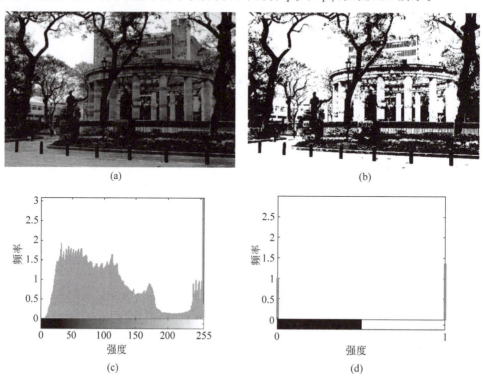

图 1.5　显示通过在图像上使用阈值来进行分割的应用示例，考虑 $p_0 = 0$，$p_1 = 1$ 和 $p_{th} = 80$。此外，(c)和(d)分别示出了(a)和(b)的直方图

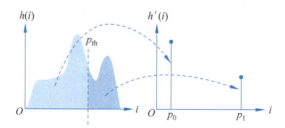

图 1.6　二值化运算对直方图的影响，即将其值集中在两个不同的点：p_0 和 p_1。图中，阈值为 p_{th}，左为原始直方图，右为结果直方图

1.3　直方图和像素运算

在有些情况下，可以通过直方图方便地检测像素运算的效果。直方图可以被认为是图像的统计指标。它通常被用作辅助评估图像重要属性的工具[4]。特别是可以通过使用直方图，方便地识别图像采集中产生的误差。除了处理上述问题的能力之外，还可以基于直方图对图像进行预处理，以改进图像或突出显示将在随后的处理步骤中要提取或分析的图像特征（例如，在图像模式识别系统中）。

1.3.1 直方图

直方图是描述图像(像素)强度值分布频率的元素。在最简单的情况下,直方图在描述灰度图像的分布时最容易理解。一个示例如图 1.7 所示。对于强度在 $[0, K-1]$ 范围内的灰度图像 $I(u,v)$,可生成具有 K 个不同值的直方图 H。因此,对于典型的 8 位灰度图像,其直方图将使用 $K=2^8=256$。直方图的每个元素都被定义为 $h(i)$,对应图像中强度值为 i 的像素数量(对于所有值 $0 \leqslant i < K$)。这可以表示如下:

$$h(i) = \text{card}\{(u,v) \mid I(u,v) = i\}^{①} \tag{1.8}$$

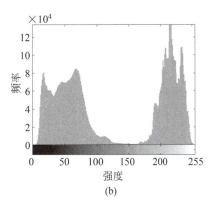

图 1.7
(a) 8 比特强度(灰度)图像;(b) 其直方图

这样,$h(0)$ 是值为 0 的像素的数量,$h(1)$ 是值为 1 的像素的数量,以此类推,而最后 $h(255)$ 表示图像中白色像素(具有最大强度值)的数量。作为直方图计算的结果,获得了长度为 K 的一维矢量 $\boldsymbol{h}$,如图 1.8 所示,其中 $K=16$。

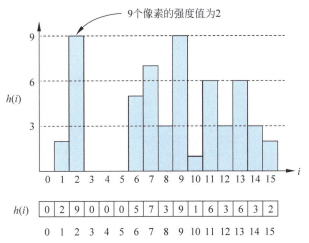

图 1.8 具有 16 个可能强度值的直方图的矢量(矢量元素的索引 $i=0,1,\cdots,15$ 表示强度值;强度 2 的值 9 意味着在相应的图像中,强度值 2 出现 9 次)

---

① card(·) 代表基数,即元素数量。

1.3.2 图像采集特性

直方图显示了图像的重要特征,如对比度和动态范围,这些特征归因于图像采集,需要对其评估以校正水平,以便在后处理阶段更清楚地分析图像特性。

显然,直方图不提供关于像素空间分布的信息。因此,由直方图提供的信息丢失了图像中像素所具有的空间关系信息。在这种情况下,不可能仅仅使用直方图的信息来重建图像。为了证明这一事实,图 1.9 显示了 3 幅不同的图像,它们能生成相同的直方图。

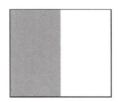

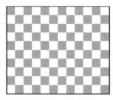

图 1.9　能生成相同直方图的 3 幅不同图像

1.3.2.1 照明

在直方图中可以识别照度误差,因为在强度值的起始或最终区域中没有像素,而直方图的中间区域聚焦了具有不同强度值的像素。图 1.10 显示了具有不同照度类型的图像示例。可以观察到,图 1.10(a)中图像的像素覆盖了图 1.10(b)中直方图的整个动态范围(0~255)。另一方面,图 1.10(c)和图 1.10(e)中的图像具有图 1.10(d)和图 1.10(f)中强度值分别集中在白色(接近 255 的值)和较暗色(接近 0 的值)的直方图。

彩图

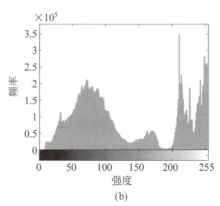

(a)   (b)

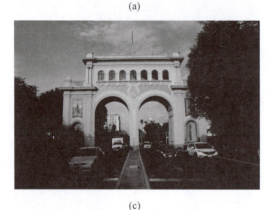
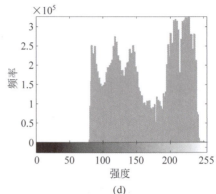

(c)   (d)

图 1.10　这些图显示了如何通过直方图方便地检测到照度误差
(a)具有正确照度的图像;(c)具有高照度的图像;(e)具有低照度的图像;(b)、(d)和(f)分别是(a)、(c)和(e)的直方图

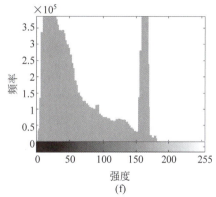

彩图

(e)　　　　　　　　　　　　(f)

图 1.10　（续）

1.3.2.2　对比度

对比度的定义被理解为在给定图像中所使用强度值的范围，或者简言之，图像中存在的像素的最大和最小强度值之间的差。全对比度图像使用为图像定义的 $0\sim K-1$（黑色到白色）的全范围的强度级别。因此，使用直方图很容易观察图像的对比度。图 1.11 显示了根据生成的直方图在图像中进行的不同对比度设置。

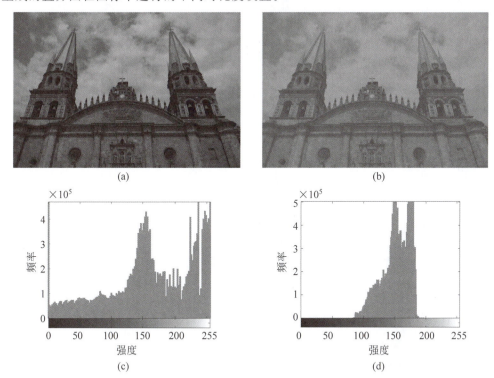

彩图

图 1.11　这些图显示了图像中不同对比度及其各自对直方图的影响：正常对比度图像（a）及其直方图（c）；低对比度图像（b）及其直方图（d）

1.3.2.3　动态

术语动态表达了图像中所使用的不同像素值的数量。理想情况是将强度值 K 的整个范围都用于所讨论的图像。在这种情况下，强度值的整个范围被完全覆盖。覆盖强度值小

于完整值($a_{min}=0, a_{max}=K-1$)的图像可以是

$$a_{min} > 0 \quad \text{或} \quad a_{max} < K-1 \tag{1.9}$$

这样生成的图像动态较差。当图像中出现整个范围内的所有强度值时,恰当的动态可以达到其最大值(见图1.12)。

彩图

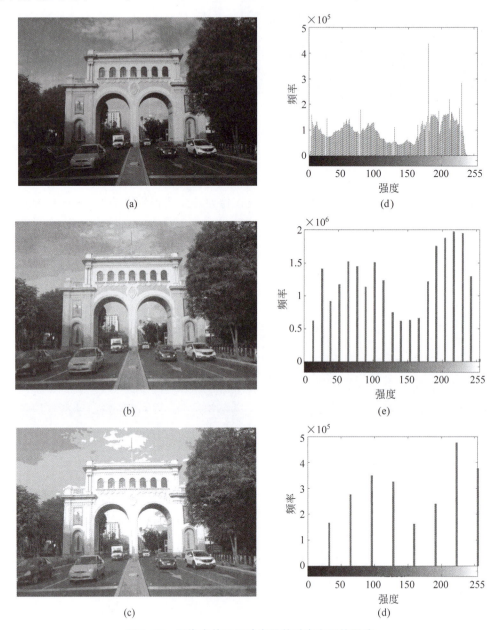

图 1.12　图像中的不同动态及其对直方图的影响

(a) 高动态;(b) 具有 20 个强度级别的低动态;(c) 仅具有 8 个强度级别的非常低的动态;
(d)、(e)和(f)分别为(a)、(b)和(c)的直方图

虽然只要不超过像素强度范围的最大值,图像的对比度就可以很高,但图像的动态不能很高(像素强度值的插值除外)。高动态代表图像的优点,因为它降低了在接下来的处理步

骤中图像质量下降的风险。因此,数码相机和专业扫描仪的分辨率高于 8 位,通常为 12～14 位,即使图像显示元素的正常分辨率为 256。

1.3.3 用 MATLAB 计算图像的直方图

本节介绍图像处理工具箱[5]中可用于计算和显示图像直方图的 MATLAB 函数。

图像处理工具箱用于计算图像直方图的功能具有以下格式:

[counts,x] = imhist(I,n)

该函数用于计算和显示图像 I 的直方图。如果没有指定 n,则直方图值的数量取决于所涉及的图像类型。如果 I 对应的是灰度图像,则函数将使用 256 个值进行计算和显示。如果 I 表示一个二进制图像,那么函数将只计算两个值的直方图。

如果指定了 n,则使用 n 个强度值而不是图像类型指定的强度值来计算和显示直方图。变量 counts 象征着一个包含像素数的矢量。

1.3.4 彩色图像的直方图

彩色图像的直方图是指亮度直方图。它们是从彩色图像的平面上获得的,其中将每个平面视为独立的灰度图像。

1. 亮度直方图

图像的亮度直方图只是彩色图像的相应灰度版本的直方图。由于灰度图像是从彩色图像中提取的,它们代表了组成它的不同平面的直方图。图 1.13 显示了彩色图像的亮度直方图。

彩图

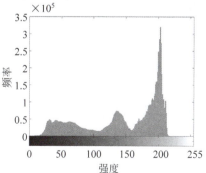

图 1.13 彩色图像中单个平面的亮度直方图

(a) 彩色图像;(b) 其灰度版本(亮度图像);(c) 与(b)对应的直方图

2. 彩色分量直方图

尽管亮度直方图考虑了所有的颜色分量,但是有可能在图像中没有检测到误差。即使某些颜色平面不一致,亮度直方图也可能是合乎要求的。

每个通道的直方图还提供了关于图像中颜色分布的附加信息。例如,蓝色通道(B)通常对彩色图像的总亮度有很小的贡献。为了计算颜色分量直方图,每个颜色通道都被视为独立的灰度图像,从中生成各个直方图。图 1.14 显示了典型 RGB 图像的亮度直方图 h_{LUM} 和每个不同颜色平面 h_R、h_G 和 h_B 的直方图。

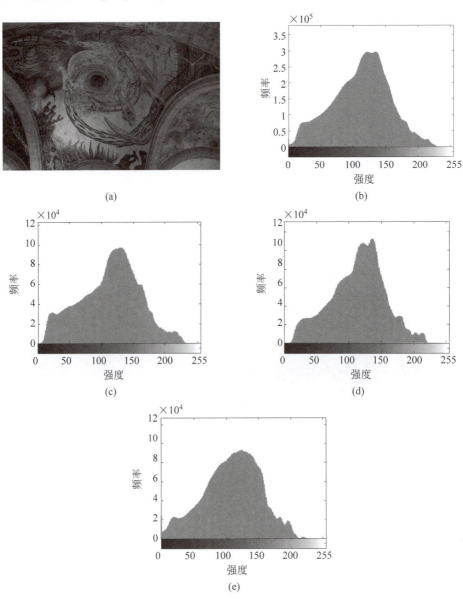

图 1.14 彩色图像中各通道的直方图

(a) 原始 RGB 图像;(b) 亮度直方图(h_{LUM});(c) 红色通道直方图(h_R);
(d) 绿色通道直方图(h_G);(e) 蓝色通道直方图(h_B)

1.3.5 像素运算对直方图的影响

图像照度的增加(将正常数值添加到所有像素值上)导致其直方图向右移动,使得这些值将趋向于接近所允许的动态范围的上限(强度值为 255)。另外,一些图像的对比度增加会导致相应的直方图在强度值区间(0～255)内扩展其值。对图像的补运算或反转会促使直方图自身反射,但方向与其原始位置相反。尽管上述情况看起来很简单(甚至微不足道),但详细讨论像素运算与此类运算产生的直方图之间的关系可能会很有用。

图 1.15 说明了具有均匀强度 i 的图像中每个区域属于直方图中元素 i 的方式。该元素 i 对应于具有强度值 i 的所有像素。

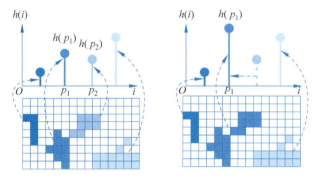

图 1.15 与图像中的不同像素集相对应的直方图值(如果直方图元素由于运算而偏移,则相应集合的所有像素也将以相同的方式调整;当两个直方图元素 $h(p_1)$ 和 $h(p_2)$ 连接在一起时,它们对应的像素集也被合并,并且现在是不可分离的)

作为诸如上面提到的那些运算的结果,直方图的值可以移位,其效果是属于该强度值的所有像素都改变。然而,当两个不同的强度值因运算而重合时,会发生什么呢?在这种情况下,两组像素被合并,并且两者的全部数量被加在一起以生成直方图的单个强度值。一旦将不同的强度级别合并为一个强度级别,就不可能区分像素的子集。因此,不可能将它们分开。根据以上讨论,可以得出结论,即该过程或运算与图像的动态性和信息的损失相关联。

1.3.6 自动对比度调整

自动对比度自适应的目的是自动修改图像的像素值,以便完全覆盖强度值的允许范围。为了实现这一点,要执行一个过程,即要使图像中最暗的像素取强度值范围中的最低允许值,最亮的像素取强度值范围中的最高允许值,而对两个值之间的其余像素值在该范围内进行线性插值[6]。

考虑 p_{low} 和 p_{high} 是当前与图像 I 中像素相对应的最低和最高强度值,该图像 I 具有由区间 $[p_{min}, p_{max}]$ 定义的一组强度值。为了覆盖图像的全部强度值,图像中包含的强度最低的像素被视为允许范围的最小值(对 8 位灰度图像值为零),然后对比(见图 1.16)通过以下因数进行修改:

图 1.16 自动对比度运算,其中根据式(1.10),像素值 p 从区间 $[p_{low}, p_{high}]$ 线性插值到区间 $[p_{min}, p_{max}]$

$$\frac{p_{\max} - p_{\min}}{p_{\text{high}} - p_{\text{low}}} \tag{1.10}$$

因此,对比度自适应的最简单函数 f_{ac} 定义如下:

$$f_{ac} = (p - p_{\text{low}})\left(\frac{p_{\max} - p_{\min}}{p_{\text{high}} - p_{\text{low}}}\right) + p_{\min} \tag{1.11}$$

对 8 位灰度图像,该函数可简化成

$$f_{ac} = (p - p_{\text{low}})\left(\frac{255}{p_{\text{high}} - p_{\text{low}}}\right) + p_{\min} \tag{1.12}$$

间隔[$p_{\min}, p_{\max}$]的值并不总是意味着它是表达图像的最大允许范围,它也可以表达图像的任何感兴趣的范围。在这种条件下,这种最初计划增加对比度的方法也可以用于表示特定允许范围 $p_{\text{low}} \sim p_{\text{high}}$ 内的图像。图 1.17 显示了自动对比度运算 p' 的效果。

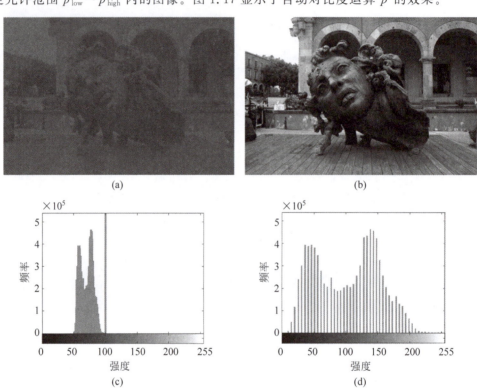

图 1.17　自动对比度运算 p' 的效果
(a) 具有低对比度的原始图像;(b) 增强图像;(c) 原始图像的直方图;(d) 增强图像的直方图

从图 1.17 中可以看出,使用式(1.11)进行对比度的调整可能导致图像中的极端像素值从根本上或非常微小地改变所得到直方图的完整分布。这是因为来自原始直方图 p_{low} 和 p_{high} 的值常涉及非常少量的像素,这些像素不能显著地表示完整分布。为了避免这个问题,可以定义一些固定的百分率($s_{\text{low}}, s_{\text{high}}$),这些百分率对于确定分布的起点(暗像素)和终点(亮像素)都是十分重要的。利用这些百分率,可以计算出分布的新边界。为此,将下边界 a_{low} 看作较低强度像素的数量加在一起大于或等于 s_{low} 的强度值。同样,a_{high} 是上边界强度值,在该值处,较高强度像素的数量加在一起小于或等于 s_{high}。有关该过程的说明参见图 1.18。值 a_{low} 和 a_{high} 取决于图像内容,并且可以方便地根据图像 I 的累积直方图 $H(i)$

来计算,即

$$a_{low} = \min\{i \mid H(i) \geqslant M \times N \times s_{low}\} \tag{1.13}$$

$$a_{high} = \max\{i \mid H(i) \leqslant M \times N \times (1 - s_{high})\} \tag{1.14}$$

其中,$M \times N$ 是图像 I 中的像素数。对于对比度增强,不考虑区间$[a_{low}, a_{high}]$之外的所有值,而是线性地缩放该范围内的值以占据允许范围$[p_{min}, p_{max}]$。用于执行自动对比度运算的像素操作公式如下:

$$f_{mac} = \begin{cases} p, & low = \min \\ p - a_{low}, & a_{low} < p < a_{high} \\ p, & high = \max \end{cases} \tag{1.15}$$

在实际应用中,s_{low} 和 s_{high} 常被赋予相同的值。通常假定它们的值在区间$[0.5, 1.5]$内。流行的图像处理程序 Photoshop 提供了这种操作的一个例子,其中,s 的值被设置为 $s_{low} = 0.5$,以便执行图像对比度的自动调整。

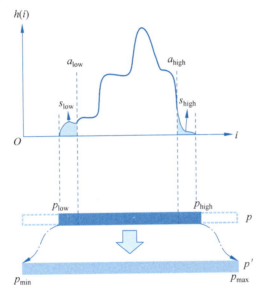

图 1.18 自动对比度操作考虑百分率值以生成新的边界(它们现在代表分布的重要值;在调整中忽略 0 和 a_{low} 以及 a_{high} 和 255 之间的所有值,使得所得图像反映对比度的改善)

1.3.7 累积直方图

累积直方图是正常直方图的变型。它为对图像执行逐像素运算(点运算,例如平衡直方图)提供了重要信息。累积直方图 $H(i)$ 定义为

$$H(i) = \sum_{j=0}^{i} h(i), \quad 0 \leqslant i < K \tag{1.16}$$

这样,$H(i)$ 的值是"传统"直方图 $h(j)$ 的指定值 i 及以下所有元素值($j = 0, 1, \cdots, i$)的总和,或考虑前一个累积值加当前的传统值:

$$H(i) = \begin{cases} h(0), & i = 0 \\ H(i-1) + h(i), & 0 \leqslant i < K \end{cases} \tag{1.17}$$

根据其定义,累积直方图是一个单调递增函数,最大值为

$$H(K-1) = \sum_{j=0}^{K-1} h(j) = M \times N \tag{1.18}$$

图 1.19 显示了一个累积直方图的示例。

彩图

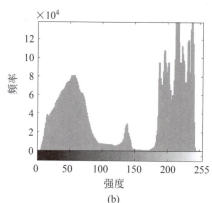

(a)　　　　　　　　　　　　　　　　(b)

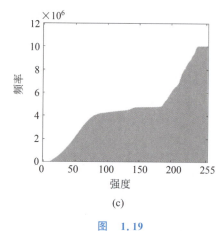

(c)

图　1.19

(a) 原始图像;(b) 原始图像的直方图;(c) 原始图像的累积直方图

1.3.8　直方图线性均衡化

一个常见的问题是使不同的图像适应强度水平的相同分布 h_{eq},以提高它们的打印质量或能够正确地比较它们。平衡直方图意味着要通过使用像素操作改变图像,使其尽可能显示为分布在所有强度级别上的直方图(见图 1.20)。由于处理的是离散分布,因此这只在近似水平上是可能的。因为如上所述,同质运算只能移动或合并属于某个强度水平的像素组。然而,一旦它们在一起了,就不可能把它们分开。因此,不可能从分布中去除直方图峰值。在这种条件下,不可能从原始直方图产生理想的、所有灰度级都是均匀分布的直方图 h_{eq}。取而代之的是,只可能变换图像,使直方图显示出灰度级平衡分布的近似值。这种近似可以借助累积直方图 $H(i)$ 来实现。这种变换的一个重要特征是一个累积直方图 H_{eq} 的版本能表示平衡的(目标)分布。显然,如前所述,这只是一个近似值。然而,通过这种方式,可以使用像素运算来移动直方图元素,从而使图像的累积直方图至少近似显示一个递增的线性函数,如图 1.20 所示。

平衡图像直方图所需的像素运算 $f_{eq}(p)$ 是根据其累积直方图计算的。对于分辨率为 $M \times N$ 像素、强度范围为 $[0, K-1]$ 的图像的运算可定义如下：

$$f_{eq}(p) = \left[H(p) \frac{K-1}{MN} \right] \tag{1.19}$$

式(1.13)定义的函数是单调的，因为该函数对应累积直方图，且始终是单增的。$H(p)$ 和其他参数 K、M 和 N 都是常数。对一幅其直方图已经很好地分布在所有强度级的图像，当使用均衡直方图的像素操作时，它将不会有任何改变。图1.21给出了线性直方图均衡化对图像的影响。可以注意到，对原始图像中没有相应强度值的像素，当它们被考虑到累积直方图中时，曲线上显示了它们先前相邻像素的值。例如，考虑在原始图像中没有强度值为10的像素的情况。它们的值在直方图中是 $h(10)=0$，但它们的值在累积直方图中是 $H(10)=H(9)$。这看起来对用于均衡直方图的像素操作(见式(1.19))是一个负面影响，但不在原始直方图中的强度值最终不会出现在均衡化的图像中。

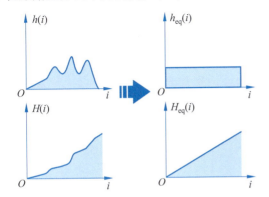

图1.20 直方图均衡过程的表示(对原始直方图 $h(i)$ 的图像使用像素运算，其思想是获得直方图 $h_{eq}(i)$、累积直方图 $H(i)$ 和由 $H_{eq}(i)$ 表示的平衡版本作为运算的结果)

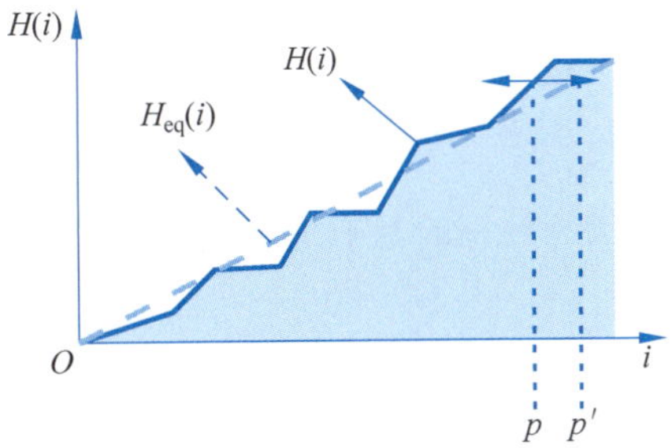

图1.21 通过使用正确的像素操作 f_{eq}，强度值 p 被移动到 p' 以最优逼近累积目标直方图 $H_{eq}(i)$

$$f_d(i) = \frac{H(i)}{H(K-1)} = \frac{H(i)}{\text{Sum}(h)} = \sum_{j=0}^{i} \frac{h(j)}{\text{Sum}(h)} = \sum_{j=0}^{i} hN(i), \quad 0 \leqslant i < K \tag{1.20}$$

函数 $f_d(i)$ 类似于累积直方图是单增的，所以有

$$f_d(0) = hN(0) \tag{1.21}$$

$$f_d(K-1) = \sum_{i=0}^{K-1} hN(i) = 1 \tag{1.22}$$

借助这个统计结果，可以将图像建模为一个随机过程。这个过程常被看作同质的(即与在图像中的位置无关)。因此，图像 $I(x,y)$ 中的每个像素都是具有随机变量 i 的随机实验的结果。

1.4 伽马校正

至今在本书中"强度"这个词已经被使用了多次，人们理解图像的像素值与其有某种关系。但是，一个像素的值是如何与显示器上光子的数量或激光打印机纸上有一定强度值而需要的色素数量相联系的呢？通常，一个像素的强度值与其所对应的物理测量的关系是复杂的，并且在所有情况下都是非线性的。因此，了解（至少近似地）这些关系的本质是很重要的，这样可以预测图像在不同媒介上的显示情况。

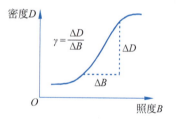

图 1.22　照相时的照度函数（该函数在一个相当大的范围内将照度的对数幅度与照相胶片的密度联系起来；函数的斜率被定义为照相胶片的伽马因子（γ），$\gamma = \Delta D/\Delta B$）

伽马校正是一种像素操作，它可以补偿不同的图像采集条件并允许使用特定的强度空间显示不同的特性[7]。伽马表达源于传统的照相术，其中在一定量的照明和所导致的照相胶片密度之间有一个近似对数的关系。这个关系可用照度函数来表达，它在一个较大的范围内是一条上升的曲线（见图 1.22）。照度函数在该范围内的斜率被称为照相胶片的伽马因子。其后在电视工业中遇到了由于阴极射线管的非线性而导致的图像失真问题，该问题可用伽马概念来描述。因此，电视信号在送到接收者之前由电视台进行校正，这称为伽马校正，是补偿电视机失真的校正。

1.4.1　伽马函数

伽马校正的基础是伽马函数，可定义如下：

$$b = f_\gamma(a) = a^\gamma \quad a \in \mathbf{R}, \quad \gamma > 0 \tag{1.23}$$

其中，参数 γ 称为伽马因子。伽马函数一般用于 [0,1] 范围，函数值在 (0,0) 到 (1,1) 之间。如图 1.23 所示，当 $\gamma=1$，有 $f_\gamma(a)=a$（相等），生成一条从 (0,0) 到 (1,1) 的直线。对 $\gamma<1$，函数在该直线上方；对 $\gamma>1$，函数在该直线下方。只要 γ 不为 1，函数曲率在两个方向（在直线上方和直线下方）上都是增加的。

伽马校正仅由在 [0,1] 间单增的参数 γ 所控制，所以是可逆的：

$$a = f_\gamma^{-1}(b) = b^{1/\gamma} = f_{\bar\gamma}(b) \quad (1.24)$$

当伽马值满足 $\bar\gamma = 1/\gamma$ 时，上式也成立。

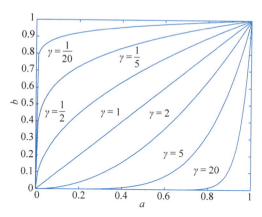

图 1.23　不同 γ 值时的伽马函数 $b=a^\gamma$

对不同设备的特定 γ 值通常由制造商和测量所确定。例如，对标准阴极射线管的常用 γ 值为 1.8~2.8，标准 LCD 显示器的 γ 值是 2.4。

1.4.2　伽马校正的应用

为说明伽马校正的应用，假设一个相机以值 γ_c 导致图像失真。它所输出的信号与照度的关系满足下列关系：

$$s = B^{\gamma_c} \tag{1.25}$$

为补偿这个失真,可以对相机输出信号使用值为 γ_c 的逆伽马校正以恢复原始信号。这个操作可表示如下:

$$b = f_{\overline{\gamma}_c}(s) = s^{1/\gamma_c} \tag{1.26}$$

由上式可知

$$b = s^{1/\gamma_c} = (B^{\gamma_c})^{1/\gamma_c} = B^{\gamma_c/\gamma_c} = B^1 = B \tag{1.27}$$

校正后的信号 b 与光强度相同。使用这样的操作,由相机导致的失真就被消除了。图 1.24 给出了这个过程的图示。这里的关键是确定所涉及设备的失真 γ_c,并通过伽马校正 $\overline{\gamma}_c$ 来进行补偿。

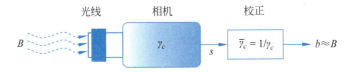

图 1.24 伽马校正的原理(为校正一个相机的失真 γ_c,需要使用伽马校正 $\overline{\gamma}_c$,将它们结合的效果是消除失真)

前面讨论中假设所有图像值均在[0,1]区间。很明显,并不总是这种情况,特别是对范围[0,255]内的数字图像。考虑到这一点,为应用伽马校正,先需要将图像值缩放到[0,1]区间,然后按本节所述的方法进行伽马校正。

1.5 MATLAB 像素操作

一旦了解了前面各节的理论基础,就可用 MATLAB 工具在图像上执行像素操作。这些工具使用 MATLAB 作为编程语言(文件扩展名为.m)以及属于图像处理和计算机视觉工具箱中的函数。

1.5.1 用 MATLAB 改变对比度和亮度

为用 MATLAB 增加对比度,需要将图像乘以一个正常数以使结果图像的直方图更宽。下面的命令假设 A 是一幅图像,要将对比度增加 50%,所以将 A 乘以 1.5,得到的结果放在 B 中。

```
>> B = A * 1.5;
```

为用 MATLAB 增加亮度,可对图像增加希望的亮度级数。使用这个操作,可以使直方图向任何方向移动所需要增加的亮度级数。下面的命令假设希望增加图像 A 的亮度 10 级,所以对 A 加 10,得到的结果放在 B 中。

```
>> B = A + 10;
```

1.5.2 用 MATLAB 阈值化分割图像

尽管分割和二值图像处理将在第 4 章深入介绍,本节先将阈值化作为像素操作简单介绍,并说明如何使用 MATLAB 命令来执行。

使用 MATLAB 的图像处理工具箱,可以根据场景中目标的强度级来分割图像。

为利用阈值化来分割图像,需要确定阈值的强度值,从而使用它可将图像元素分成两类。其强度值高于阈值的为一类,而其强度值低于阈值的为另一类。

用 MATLAB 执行的最简单的二值化过程是逻辑操作。当对矩阵(图像)进行时,逻辑操作的负载很大,即要对每个像素进行逻辑条件的评估。这个操作的结果对满足逻辑条件的像素是 1。另外,操作结果为 0 表示对像素的评估失败了。例如,可以使用下面的命令行:

```
>> B = A > 128;
```

结果 B 将包含 1 和 0。在 A 中像素值大于阈值 128 的位置为 1,而在 A 中像素值不符合条件的位置为 0。

1.5.3　用 MATLAB 调整对比度

MATLAB 的函数 imadjust 可以增加、减少或调整图像的对比度。函数原型有如下结构:

```
J = imadjust(I);
J = imadjust(I,[low_in; high_in],[low_out; high_out]);
```

J = imadjust(I)将图像 I 的强度值映射到图像 J 的新强度值,这里数据的 1%(s_{low}=s_{high}=1%)被定义为图像 I 的强度的低限和高限。结果图像 J 的对比度将根据这些限度调整。如前所述,不考虑图像 I 的限度而仅考虑百分比,可允许改进完整数据的对比度。在这些条件下,可以在对比度覆盖整个图像范围但不明显的情况下仍然改进图像的对比度。

J = imadjust(I,[low_in; high_in],[low_out; high_out])将图像 I 的强度值映射到图像 J 的新强度值,此时图像值 low_in 和 high_in 被映射到新图像值 low_out 和 high_out。图像 I 中比 low_in 低和比 high_out 高的值将不被考虑。可以使用空矩阵[]来限定边界,这意味着对每种图像使用其允许值[0,1]来定义边界。

该函数还有一些变型,除了增强对比度,还可以用参数(SP)来放缩对比度。借助该参数,可以表达图像 I 和图像 J 在放缩时是相关的。此时,该函数的结构如下:

```
J = imadjust(I,[low_in; high_in],[low_out; high_out],SP);
```

该函数变换图像 I 的值以得到图像 J 的值,如前所述。不过,如果 SP 小于 1,则映射放大(变亮)图像 J 的值;如果 SP 大于 1,则映射缩小(变暗)图像 J 的值。对 SP 等于 1 的情况,调整是线性的。图 1.25 给出了对图像使用 imadjust 函数的效果。

1.5.4　用 MATLAB 进行直方图均衡化

将不同图像调整成具有相同强度值分布的操作,不管是为了改进打印质量或方便地比较它们,都可用 MATLAB 完成。如前所述,均衡化直方图是使用对图像的像素操作对直方图进行调整,以得到具有希望分布的直方图。为均衡化,要使用累积直方图的性质,即它代表均衡的分布。很明显,前述是一种近似。但使用移动直方图元素的像素操作可以使图像的累积直方图至少为一个单增的线性函数。

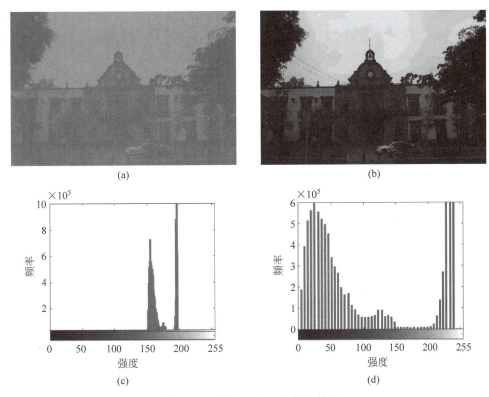

图 1.25 应用 imadjust 函数的效果

(a) 原始图像；(b) 应用 imadjust 的结果图像；(c) 原始图像的直方图；(d) 对比度校正后图像的直方图

所需的均衡化图像直方图的像素操作 $f_{eq}(p)$ 需要根据累积直方图计算，如式（1.28）所示。为用 MATLAB 实现，需要线性地均衡图像的直方图。程序 1.1 给出了线性均衡化图像直方图的代码。

程序 1.1 实现式（1.28），使用线性直方图均衡化技术以增强图像对比度。其中，IMG 是原始图像，而 IMGEQ 是通过均衡化技术增强对比度后的图像

```
%%%%%%%%%%%%%%%%%%%%%%%%%%%%%%%%%%%%%%%%%%%%%%%%%%%%%%%
% Program 1.1: Image contrast enhancement using the linear          %
% equalization technique                                            %
%%%%%%%%%%%%%%%%%%%%%%%%%%%%%%%%%%%%%%%%%%%%%%%%%%%%%%%
% Erik Cuevas                                                       %
% Alma Rodríguez                                                    %
%%%%%%%%%%%%%%%%%%%%%%%%%%%%%%%%%%%%%%%%%%%%%%%%%%%%%%%
clear all
close all

img = imread('image.jpg');
% The image is converted to a grayscale image
img = rgb2gray(img);
% The intensity image is displayed.
figure
```

```
imshow(img)
% Display the original histogram of the image
figure
imhist(img)
% Display the cumulative histogram
h = imhist(img);
H = cumsum(h);
figure
bar(H)
% Linear equalization
[m,n] = size(img);
for r = 1:m
  for c = 1:n
    ImgEq(r,c) = round(H(img(r,c) + 1) * (255/(m * n)));
  end
end
ImgEq = uint8(ImgEq);
% Enhanced image and histogram are shown
figure
imshow(ImgEq)
figure
imhist(ImgEq)
h2 = imhist(ImgEq);
H2 = cumsum(h2);
figure
bar(H2)
```

图 1.26 中所示是运行程序 1.1 的代码而得到的结果,从图中可以清楚地看到对比度改善的结果,也可对比直方图进行分析。

MATLAB 图像处理工具箱实现了 histeq 函数,它允许均衡化图像的直方图以增加对比度。histeq 通过对图像强度值的变换,使输出图像的直方图更接近作为参考的特定直方图来增加图像的对比度,该函数具有如下结构:

```
J = histeq(I,hgram);
J = histeq(I,n);
```

J = histeq(I,hgram) 对图像 I 的强度值进行变换,使得图像 J 的累积直方图接近作为参考的 hgram。矢量 hgram 具有依赖于图像类型和其特性的长度。例如,对 uint8 类型的图像,其长度为 256。为执行 I 的强度值变换,需要选一个函数 f_T(像素操作),以产生一个能最小化下式的累积直方图:

$$\sum_i \left| H_{f_T}[f_T(i)] - H_{\text{hgram}}(i) \right| \tag{1.28}$$

其中, H_{f_T} 是由函数 f_T 转换来的图像的累积直方图, H_{hgram} 是用作参考的累积直方图,以通过 f_T 去逼近 H_{f_T}。

如果函数 histeq 没有使用矢量 hgram,则认为对图像 I 的变换是要使直方图尽可能地接近水平响应。

图 1.26 运行程序 1.1 的结果

(a) 原始强度图像；(b) 对比度增强的图像；(c) 原始图像的直方图；
(d) 增强图像的直方图；(e) 原始图像的累积直方图；(f) 增强图像的累积直方图

J = histeq(I,n)对图像 I 的强度值进行变换，返回一幅仅有 n 个不同强度值的图像。这个变换是通过将图像 I 的强度值映射到图像 J 的 n 个不同强度值使 J 的直方图接近水平来实现的。

图 1.27 给出了对图像使用函数 histeq 得到的结果。在这个例子中，没有使用矢量 hgram 作为参数。所以，对原始图像强度值的变换使得结果图像的直方图接近水平，这样得到的累积直方图接近一条直线。

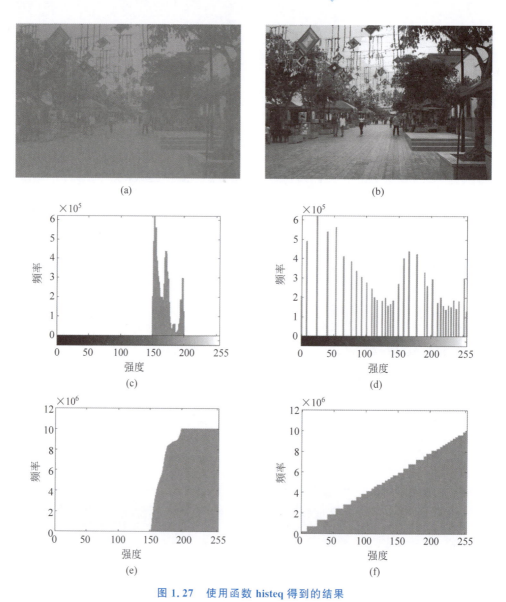

图 1.27　使用函数 histeq 得到的结果
(a) 原始图像；(b) 结果图像；(c) 原始图像的直方图；(d) 由执行 histeq 操作得到的水平直方图；
(e) 原始图像的累积直方图；(f) 结果图像的累积直方图

1.6　多源像素运算

有时需要执行一些像素操作,其结果像素的强度值不仅依赖于所在图像的像素,而且依赖于其他图像的像素。图 1.28 给出了这样操作的一个示意。

由图 1.28 可见,结果像素是对两幅图像的两个像素执行一个函数而得到的。进一步地,它要求所有参与运算的像素源自两幅图像的相同位置。该位置的像素值代表结果值,与其源图像的位置相同。

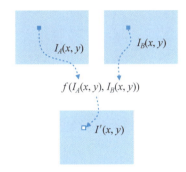

图 1.28 像素操作的表达,其中结果像素值依赖于源自不同图像相同位置的像素值

1.6.1 逻辑和算术运算

逻辑和算术运算在图像之间进行,加法、减法、与(AND)和或(OR)都可以逐对像素进行。重要的一点是,这些运算可以产生超出图像允许范围的值,所以有时需要改变尺度。

1. 加法

两幅图像 I_A 和 I_B 的加法定义为

$$I'(x,y) = I_A(x,y) + I_B(x,y) \qquad (1.29)$$

这个操作常用于将一幅图像叠加到另一幅图像上以取得混合的效果(见图 1.29),以及对一幅图像不同位置人工增加瑕疵或点以模拟噪声模式。

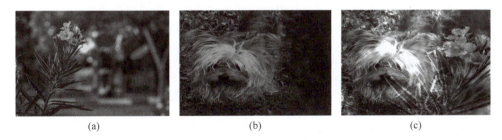

图 1.29 使用加法操作对两幅图像进行叠加

(a) 图像 1;(b) 图像 2;(c) 图像 1 和图像 2 的叠加

2. 减法

两幅图像 I_A 和 I_B 的差定义为

$$I'(x,y) = I_A(x,y) - I_B(x,y) \qquad (1.30)$$

这个运算常用于图像分割和增强。另一个图像减法的重要应用是运动检测[8]。如果两幅图像 T_1 和 T_2 是在不同时间采集的,则可获得它们的差别。从中可以找到目标部分像素位置的改变。图 1.30 给出了一个示例,通过对在不同时刻采集的两幅图像的相减来进行位置变化检测。

3. AND 和 OR

这些运算都是在二值图像间进行的,利用了其逻辑函数的真值表。所以,在 AND 时,两个像素必须都是 1 以使结果为 1;而在 OR 时,只要有一幅图像的像素为 1 就足够使结果

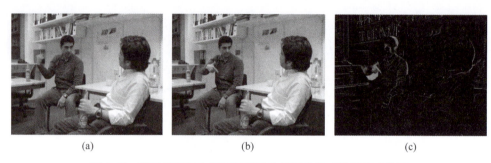

图 1.30　通过对两幅在不同时刻采集的图像相减进行运动检测
(a) 在时刻 1 采集的图像 1；(b) 在时刻 2 采集的图像 2；(c) 图像 1 和图像 2 的差

为 1。两种情况下，对任意其他组合，输出图像的像素值都是 0。这些函数的主要用途是在块处理中，此时仅需要考虑某些区域的像素，而其他像素或者置为 0 或者不考虑。

1.6.2　Alpha 混合运算

Alpha 混合或结合运算用来组合两幅图像，结果图像中的各个像素是这两幅源图像像素的线性组合。如果有两幅图像且使用 Alpha 混合来组合它们，结果图像中的各个像素由下式定义：

$$I_R(x,y) = (1-\alpha) \cdot I_A(x,y) + \alpha \cdot I_B(x,y) \tag{1.31}$$

根据这个运算，可以混合两幅图像。用图像 I_A 代表背景图像，将图像 I_B 考虑成透明的。这两幅图像的结合可用定义在 $[0,1]$ 区间的透明参数 α 来控制。

图 1.31 给出了采用不同的 α 时，对两幅图像运用这个操作得到的结果。

图 1.31　使用 Alpha 混合操作的效果
(a) 图像 I_B；(b) 图像 I_A；(c) $\alpha=0.3$ 时的结果图像 I_R；(d) $\alpha=0.7$ 时的结果图像 I_R

参考文献

[1] Gonzalez R C, Woods R E. *Digital image processing* (3rd ed.). Prentice Hall, 2008.
[2] Jain A K. *Fundamentals of digital image processing*. Prentice Hall, 1989.
[3] Woods R E. *Digital image processing* (4th ed.). Pearson, 2015.
[4] Gonzalez R C, Wintz P. *Digital image processing*. Addison-Wesley, 1977.
[5] Gonzalez R C, Woods R E, Eddins S L. *Digital image processing using MATLAB*. Prentice Hall, 2004.
[6] Burger W, Burge M J. *Digital image processing: An algorithmic introduction using Java*. Springer, 2016.
[7] Szeliski R. *Computer vision: algorithms and applications*. Springer, 2010.
[8] Milanfar P. *A tour of modern image processing: From fundamentals to applications*. CRC Press, 2013.

视频

第2章

空 域 滤 波

2.1 引言

第1章考虑的像素运算的特性是计算新像素值时仅依赖于原始像素的值。这种操作的结果仍位于原位置。尽管使用像素操作可以获得许多效果,但有些条件下不能获得特殊的效果,例如,在模糊(见图2.1)或检测图像边缘的情况下。

(a) (b)

图 2.1 如果使用像素操作,不能获得模糊或边缘检测的效果

(a) 原始图像;(b) 模糊的图像

2.2 什么是滤波器

在一幅图像中,可以在具有强度值突然变化(明显增加或减少)的局部观察到噪声。相反地,图像中有些区域的强度保持常数。滤波器的第1个作用就是消除噪声像素,将其值用其相邻像素的平均值来替换[1]。

因此,为了计算一个像素的新值 $I'(x,y)$,可以使用它的原始值 $I(x,y)=p_0$,以及原始图像 I 中其8个相邻像素 $p_1,p_2,\cdots,p_8$ 的值。对当前像素 p_0 与其相邻像素的结合可以建模为这 9 个值的算术平均：

$$I'(x,y) \leftarrow \frac{p_0+p_1+p_2+p_3+p_4+p_5+p_6+p_7+p_8}{9} \quad (2.1)$$

借助图像的坐标，上式可写成：

$$I'(x,y) \leftarrow \frac{1}{9}\begin{bmatrix} I(x-1,y-1)+I(x,y-1)+I(x+1,y-1)+ \\ I(x-1,y)\ +\ I(x,y)\ +\ I(x+1,y)\ + \\ I(x-1,y+1)+I(x,y+1)+I(x+1,y+1) \end{bmatrix} \quad (2.2)$$

也可以写成紧凑的形式：

$$I'(x,y) \leftarrow \frac{1}{9}\sum_{j=-1}^{1}\sum_{i=-1}^{1} I(x+i,y+j) \quad (2.3)$$

该式给出了描述一个滤波器的所有典型元素。这个滤波器是最常使用的滤波器之一（称为线性滤波器）的例子。

考虑第 1 章的内容，像素运算和滤波器运算的区别就很清楚了，特别是滤波器的结果不再仅仅依赖于原始图像的单个像素，而是一组像素。在原始图像中像素的当前坐标(x,y)一般定义了一个相邻区域$R(x,y)$。图 2.2 给出了当前像素的坐标以及它们与相邻区域的联系。

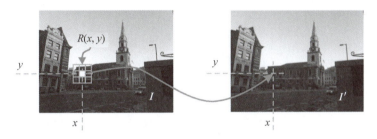

图 2.2 滤波器运算原理（每个新像素 $I'(x,y)$ 是根据一定的相邻区域 $R(x,y)$ 来计算的，而该区域的中心坐标与需计算的像素坐标是相关的）

滤波器区域 $R(x,y)$ 的尺寸是一个重要的参数，因为它确定了有多少个以及哪些原始图像中的相邻像素被用来计算新像素。在前面讨论的例子中，一个平滑滤波器使用了 3×3 的区域，它以坐标(x,y)为中心。使用更大尺寸的滤波器，5×5、7×7，甚至 31×31 像素，可以获得更加平滑的效果。

滤波器区域的形状可以任意。但最常用的是方形，因为除了便于计算（不需要用函数计算像素网格，但如圆区域就需要了），还允许考虑所有方向的相邻像素。这是一个滤波器的有用特性。对一个滤波器，各个相邻像素的相对重要性可以不同，这样就可以根据每个像素与中心像素的关系对相邻区域中的像素赋予不同的权重。接近中心像素的给予较大的权重，而远离中心像素的给予较小的权重。

可以采用不同的方式来设计滤波器。但需要一个系统的方法设计滤波器以满足特定应用的需要。有两种类型的滤波器：线性和非线性。这两种类型的区别取决于处理区域 $R(x,y)$ 中像素与操作的联系是线性的还是非线性的[2]。在本章接下来的部分会讨论两种类型的滤波器，还给出了一些特殊的例子。滤波过程中的主要操作对应根据用来定义相邻区域的矩阵系数将各个像素相乘再相加。这个系数矩阵在计算机视觉领域称为滤波器、模板、核或窗口。

2.3 空域线性滤波器

在线性滤波器中,将在处理区域中像素的值线性地结合起来以赋给结果像素[3]。式(2.3)给出了一个示例,其中3×3区域中的9个值线性相加后再乘以因子(1/9)。利用相同的机制,根据图像的特点可定义滤波器的乘数。为获得图像的不同效果,需要定义核的权重。这些权重是在线性组合中赋予各个像素相对重要性的值。

2.3.1 滤波器矩阵

线性滤波器完全由处理区域的尺寸和形状,以及对应的权重或系数所确定,它们决定了原始图像中的像素是如何线性结合的。这些系数或权重的值定义在滤波器矩阵(简称模板)$H(i,j)$中。矩阵$H(i,j)$的尺寸决定了滤波器处理区域$R(x,y)$的尺寸,矩阵的值决定了与对应图像强度相乘的、以获得线性组合的权重[4]。所以,式(2.3)中用来平滑图像的滤波器可由下面的滤波器矩阵定义:

$$H(i,j) = \begin{bmatrix} 1/9 & 1/9 & 1/9 \\ 1/9 & 1/9 & 1/9 \\ 1/9 & 1/9 & 1/9 \end{bmatrix} = \frac{1}{9}\begin{bmatrix} 1 & 1 & 1 \\ 1 & 1 & 1 \\ 1 & 1 & 1 \end{bmatrix} \quad (2.4)$$

由式(2.4)可见,模板中9个像素的每一个都对结果像素的最终值有1/9的贡献。

本质上,一幅图像的滤波器矩阵$H(i,j)$是一个2-D离散实函数。所以,模板具有自身的坐标系统,原点在中心。在这样的条件下,可以有正的或负的坐标(见图2.3)。需要注意,滤波器矩阵的系数在它定义的坐标外为0。

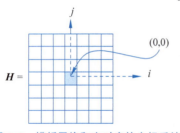

图 2.3 模板网格和它对应的坐标系统

2.3.2 滤波操作

滤波器在图像上运算的效果完全由矩阵$H(i,j)$的系数所确定。在图像上的滤波过程见图2.4。这个过程可解释如下。

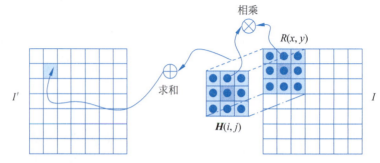

图 2.4 线性滤波器(将滤波器系数矩阵的原点放在原始图像I中像素(x,y)处;滤波器系数$H(i,j)$与图像中对应的像素相乘,得到9个不同的乘积;将所有乘积加起来,其结果给予结果图像I'中位置(x,y)处)

对图像中的每个像素(x,y),要执行以下步骤:

(1) 将滤波器矩阵$\boldsymbol{H}(i,j)$放在原始图像I上,使其中心$\boldsymbol{H}(0,0)$对准像素$I(x,y)$。

(2) 将滤波器矩阵$\boldsymbol{H}(i,j)$所确定的图像区域$R(x,y)$中的像素与滤波器矩阵中对应位置$I'(x,y)$的系数相乘,将各个相乘的部分结果加起来。

(3) 将输出值赋给结果图像的位置(x,y)处。

换句话说,结果图像中的所有像素用下式计算($H(i,j)$代表$\boldsymbol{H}(i,j)$中的元素):

$$I'(x,y) = \sum_{(i,j) \in R(x,y)} I(x+i, y+j) \cdot H(i,j) \tag{2.5}$$

对一个典型的具有3×3系数矩阵的滤波器,它的操作可用下式表示:

$$I'(x,y) = \sum_{j=-1}^{1} \sum_{i=-1}^{1} I(x+i, y+j) \cdot H(i,j) \tag{2.6}$$

由式(2.6)所定义的操作可用于图像的所有坐标。有一点需要考虑的是该式并不在理论上可用于图像的所有像素。在图像的边缘,如果将滤波系数矩阵的中心与某些像素重合,则有些系数会没有对应的像素,也不能进行计算。这个问题将在2.9.2节再讨论,并给出解决方案。

2.4 MATLAB中滤波操作的计算

在了解了如何执行滤波操作和考虑到它们在图像边界的效果后,本节介绍如何利用MATLAB编程实现这种类型的操作。

空域滤波器在图像中的应用可通过在感兴趣的(x,y)、其相邻像素以及模板的系数之间进行卷积来实现。空域滤波过程的机制如图2.4所示。这个过程的主要部分依赖于滤波器和属于图像的坐标之间的关系。这个过程包括从左到右、从上到下移动滤波器的中心,对图像中所有像素执行对应的卷积。图2.5给出该过程的图示。对尺寸为$m \times n$的滤波器,$m=2a+1$和$n=2b+1$,其中,a和b都是非负整数。这表示滤波器总是设计为奇数维,最小的维数是3×3。尽管这并不是必要条

图2.5 将空域滤波器应用于图像

件,但采用奇数系数矩阵能简化计算,因为矩阵有单个中心,且操作可对称地进行。

滤波器产生的新像素(x,y)的值依赖于在定义区域$R(x,y)$中对应滤波器系数的强度值。考虑图2.6中的滤波器系数和图像强度值,新像素值可计算如下:

$$\begin{aligned} I'(x,y) = & I(x-1, y-1) \cdot H(-1,-1) + \\ & I(x-1, y) \cdot H(-1, 0) + I(x-1, y+1) \cdot H(-1, -1) + \\ & I(x, y-1) \cdot H(0, -1) + I(x, y) \cdot H(0, 0) + \\ & I(x, y+1) \cdot H(0, -1) + I(x+1, y-1) \cdot H(1, -1) + \\ & I(x+1, y) \cdot H(1, 0) + I(x+1, y+1) \cdot H(1, 1) \end{aligned} \tag{2.7}$$

实现时必须要考虑的一点是图像边界对处理效果的影响。在图像边界处,$\boldsymbol{H}(i,j)$中的

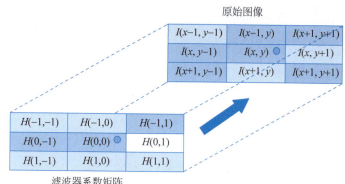

图 2.6　空域滤波过程

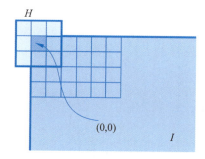

图 2.7　图像边界在执行卷积时的问题（考虑图像中像素（0，0），如果滤波器对准它，那将有 $H(i,j)$ 中的系数没有对应的图像中的像素）

若干滤波系数将没有对应的图像 I 中的元素。这个问题以及如何解决这个问题将稍后讨论。这个问题的图示可见图 2.7。

一个简单的解决方法是在处理中仅考虑一幅较小尺寸的图像。采用这种方法，如果有一幅尺寸为 $M \times N$ 的图像，不去进行从 1 到 N 和从 1 到 M 的图像和滤波器之间的卷积，而是考虑去除图像的边界。所以，处理将从 2 到 $N-1$ 和从 2 到 $M-1$ 进行。这样，每个滤波器系数都将有对应图像中的像素。

有两种方法可避免在图像边界缺少对应性的问题。一种是产生一个相比原始 $(M-2) \times (N-2)$ 较小的结果图像（前面已讨论过）；另一种是为定义缺少的像素而将原始图像的行和列复制过来。

2.5　线性滤波器的类型

线性滤波器的功能由其系数值确定。因为系数可以有不同的值，所以会有无穷数量的线性滤波器[6]。据此，需要回答：一个滤波器可产生什么样的效果？且对某个效果，哪个滤波器最适合？实际中，有两类线性滤波器：平滑滤波器和差分滤波器。

2.5.1　平滑滤波器

前面各节考虑了能使图像平滑的滤波器。每个仅包含正系数的系数矩阵的线性滤波器都对图像有平滑效果。从这样的操作可以验证，结果将是滤波器覆盖区域 $R(x,y)$ 平均值的缩放版本。

2.5.2　"盒"滤波器

"盒"滤波器是执行图像平滑操作的最简单和最古老的滤波器。图 2.8 给出了 3-D、2-D 以及由这类滤波器实现的模板函数。由于所实现的尖锐边缘和其频域行为，"盒"滤波器是一种并不建议的平滑滤波器。如图 2.8(a)所示,这种滤波器看起来像一个盒(其名称来源),以相同方式影响图像中的每个像素(因为其所有系数都具有相同的值)。对平滑滤波器来说,一个期望的特性是它在图像上的效果应不随图像的旋转而变化。这样的性质称为各向同性。

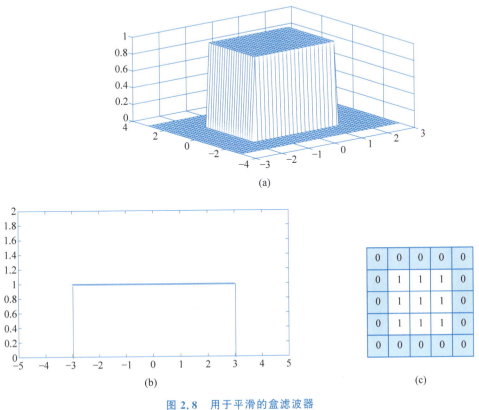

图 2.8　用于平滑的盒滤波器
(a) 3-D;(b) 2-D;(c) 实现这类滤波器的系数矩阵

2.5.3　高斯滤波器

高斯滤波器对应一个 2-D 离散高斯函数,可以表述如下:

$$G_\sigma(r) = \exp\left(\frac{r^2}{2\sigma^2}\right) \quad \text{或} \quad G_\sigma(x,y) = \exp\left(\frac{x^2+y^2}{2\sigma^2}\right) \tag{2.8}$$

式中,标准方差 σ 表示高斯函数的影响半径,如图 2.9 所示。

在高斯滤波器中,其中心元素具有参与线性组合操作的最大权重,其他系数的值随着离开滤波器中心而减少。

这种滤波器的一个重要性质是各向同性。"盒"平滑滤波器的一个问题是它的衰减导致图像重要特性的退化,如边缘(图像区域中有强度的突然变化处)或角点。高斯滤波器在这种情况下的不良影响较小,允许平滑强度值均匀的区域,而不会减弱图像的特性。

程序 2.1 给出了实现通过平均相邻像素而平滑图像的 3×3 滤波器的 MATLAB 代码,如式(2.4)所示。

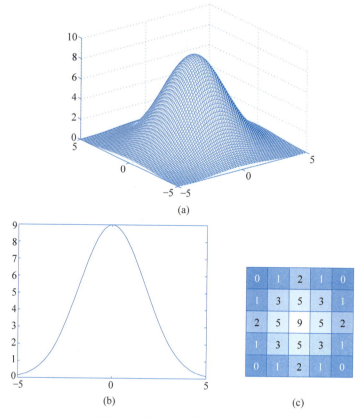

图 2.9　用于平滑的高斯滤波器
（a）3-D；（b）2-D；（c）实现这类滤波器的系数矩阵

程序 2.1　用 MATLAB 实现 3×3 平滑滤波器

```
%%%%%%%%%%%%%%%%%%%%%%%%%%%%%%%%%%%%%%%%%%%%%%%%%%%%%
% Implementation of the 3x3 filter that smoothes              %
% the image using the average of the neighbors                %
%%%%%%%%%%%%%%%%%%%%%%%%%%%%%%%%%%%%%%%%%%%%%%%%%%%%%
% The values of the dimensions of the image are obtained
 Im = imread('Figure 2.1.jpg');
 [m n] = size(Im);
% The image is converted to double to avoid problems
% in the conversion of the data type
Im = double(Im);
% The original image is copied to the result to avoid
% the image border processing problem.
ImR = Im;
% The filter operation is applied (see Equation 2.4)
% The entire image is traversed with the filter except
% for the border
for r = 2:m - 1
    for c = 2:n - 1
        ImR(r,c) = 1/9 * (Im(r - 1,c - 1) + Im(r - 1,c) + Im(r - 1,c + 1)
...
            + Im(r,c - 1) + Im(r,c) + Im(r,c + 1) ...
            + Im(r + 1,c - 1) + Im(r + 1,c) + Im(r + 1,c + 1));
```

```
        end
end
% The image is converted to an integer to be able to display it
ImR = uint8(ImR);
```

2.5.4 差分滤波器

如果一个滤波器的系数中有负数,那么它的操作可解释成两个不同求和的差分。即在滤波器区域 $R(x,y)$ 中所有正系数的线性组合的和与所有负系数(绝对值)的线性组合的和的差。如果用数学来描述这个操作,则可定义如下:

$$I'(x,y) = \sum_{(i,j) \in R^+} I(x+i, y+j) \cdot |H(i,j)| - \sum_{(i,j) \in R^-} I(x+i, y+j) \cdot |H(i,j)| \quad (2.9)$$

其中,R^+ 代表滤波器具有正系数 $H(i,j)>0$ 的部分,R^- 代表滤波器具有负系数 $H(i,j)<0$ 的部分。图 2.10 给出一个示例:5×5 的拉普拉斯滤波器。它计算中心点(仅有的一个正系数 16)和 12 个具有值从 −1 到 −2 的负系数之和的差分。剩下的系数为 0,在处理中不作考虑。这个滤波器实现了称为"墨西哥草帽"的函数,其模型如下:

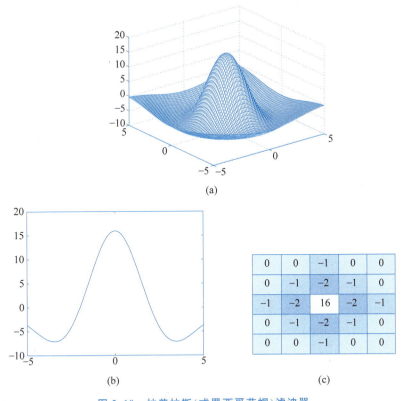

图 2.10 拉普拉斯(或墨西哥草帽)滤波器
(a) 3-D;(b) 2-D;(c) 实现这类滤波器的系数矩阵

$$M_\sigma(r) = \frac{1}{\sqrt{2\pi}\sigma^3}\left(1 - \frac{r^2}{\sigma^2}\right)\exp\left(-\frac{r^2}{2\sigma^2}\right) \tag{2.10}$$

$$M_\sigma(x,y) = \frac{1}{\sqrt{2\pi}\sigma^3}\left(1 - \frac{x^2+y^2}{\sigma^2}\right)\exp\left(-\frac{x^2+y^2}{2\sigma^2}\right) \tag{2.11}$$

式(2.10)和式(2.11)所给出的模型分别对应 1-D 和 2-D 的情况。当滤波器仅有正系数时，得到的效果是平滑，而对差分滤波器(具有正系数和负系数)，得到的效果正好相反。所以，像素间的强度差别将加强。因为这个缘故，这种类型的滤波器常用于边缘检测。

2.6 线性滤波器的形式特征

到目前为止，以一种简单的方式考虑了滤波器的概念，以便读者快速了解它们的特性和性质。尽管从实用的角度看，这可能已经够用，但在有些场合，理解它们操作的数学性质还可以设计和分析更为复杂的滤波器。滤波器操作基于卷积，这个操作及其特性将贯穿本章。

2.6.1 线性卷积和相关

线性滤波器的操作基于称为线性卷积的操作。该操作允许将两个连续或离散函数结合成一个。对两个 2-D 离散函数 I 和 H，线性卷积定义如下：

$$I'(x,y) = \sum_{i=-\infty}^{\infty}\sum_{j=-\infty}^{\infty} I(x-i, y-j) \cdot H(i,j) \tag{2.12}$$

或用紧凑的形式：

$$\boldsymbol{I'} = \boldsymbol{I} * \boldsymbol{H} \tag{2.13}$$

式(2.12)与式(2.6)很相似，除了对 i 和 j 求和的上下限以及 $I(x-i, y-j)$ 中坐标的符号。前一个差别可以解释为滤波器矩阵 $\boldsymbol{H}(i,j)$ 定义了一个包含有限系数集合的影响区域 $R(x,y)$，在这个区域之外系数被看作 0 或不相关，所以求和限可以扩展而不改变计算结果。

考虑坐标，式(2.12)可以重写成：

$$I'(x,y) = \sum_{(i,j)\in R} I(x-i, y-j) \cdot H(i,j) = \sum_{(i,j)\in R} I(x+i, y+j) \cdot H(-i, -j) \tag{2.14}$$

式(2.14)与式(2.5)很相似，区别只是系数矩阵在垂直和水平方向反了过来，即 $H(-i,-j)$。这样一个反转可解释为将滤波器系数矩阵旋转了 180°。图 2.11 表明坐标的反转可用滤波器系数矩阵 $\boldsymbol{H}(i,j)$ 的旋转来描述。

与卷积很相近的概念是相关。相关是通过图像处理模板或滤波器矩阵 $\boldsymbol{H}(i,j)$ 的过程(类似于由式(2.5)所定义的滤波器操作)。所以，可以说卷积与相关的区别只是在进行系数和像素值的线性结合前要将滤波器系数矩阵旋转 180°(将坐标轴反过来)。线性滤波操作背后的数学运算是卷积，其结果完全依赖于滤波器矩阵 $\boldsymbol{H}(i,j)$ 的系数值。图 2.12 给出了对图像的卷积过程。

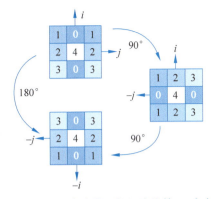
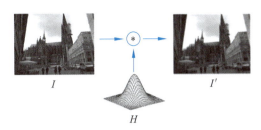

图 2.11　用滤波器系数矩阵旋转 180°对 $H(-i,-j)$ 的坐标反转建模

图 2.12　用高斯滤波器的卷积（原始图像与系数矩阵 $H(i,j)$ 卷积以输出结果）

2.6.2　线性卷积性质

卷积的重要性源于其有用的数学性质。在本书后面将会看到，卷积、傅里叶分析和它们在频域对应的方法之间有密切的联系[7]。

1. 交换性

卷积具有交换性，即

$$I * H = H * I$$

它表明如果在操作中将图像和滤波器交换次序会得到相同的结果，所以将图像 I 与系数矩阵 $H(i,j)$ 卷积或反过来没有区别。两个函数可以交换位置，得到相同的结果。

2. 线性性

这个性质导致了一些重要的特性。图像被用常数 a 缩放后的结果用系数矩阵 $H(i,j)$ 卷积，也等于将图像先卷积后的结果再用常数 a 缩放，即

$$(a \cdot I) * H = a \cdot (I * H) \tag{2.15}$$

进一步地，如果两幅图像逐像素相加，然后将结果用 H 卷积，这将与先把两幅图像卷积，再把结果图像逐像素相加的结果相同。即

$$(I_1 + I_2) * H = (I_1 * H) + (I_2 * H) \tag{2.16}$$

此时一个奇怪的现象是，将一个常数 b 加到图像上然后与 H 卷积并不等于先将图像与 H 卷积再加一个常数 b，即

$$(b + I) * H \neq b + I * H \tag{2.17}$$

使用卷积是滤波操作线性性的重要理论概念；但是，实用中的滤波操作也限制了其线性性。这一事实是由舍入误差或图像范围的限制引起的，这些误差限制了图像的可视化范围（钳位）。

3. 组合性

卷积是一个组合操作符，这表示一组逐个执行的操作可以改变它们的次序而不影响原始结果，即

$$H_1 * (H_2 * H_3) = (H_1 * H_2) * H_3 \tag{2.18}$$

滤波器的组合能力很重要，因为一组滤波器序列可以被简化为一个滤波器，其可通过恰当地设计系数矩阵来实现。反过来也成立，即一个滤波器可分解为用较小的滤波器顺序完

成的简单操作。

2.6.3 滤波器的可分离性

式(2.18)的直接应用就是通过卷积两个或多个相对于原滤波器较小和简单的滤波器来实现原来的滤波器。所以,用一个"大"滤波器对图像的卷积可以分解为一系列用较小的滤波器执行的序列:

$$I * H = I * (H_1 * H_2 * H_3 * \cdots * H_n) \tag{2.19}$$

这种分离的优点是加快了操作的速度,因为尽管滤波器数量增加了,但它们更小、更简单了,它们只需执行比原始滤波器更少的操作。

1. x-y 分离

在滤波器的使用中,常见和重要的应用是将一个 2-D 滤波器 H 分解为两个 1-D 滤波器 H_x 和 H_y,分别作用在图像的水平方向和垂直方向上。假设有两个 1-D 滤波器 H_x 和 H_y 作用在各自的方向上,即

$$H_x = \begin{bmatrix} 1 & 1 & 1 & 1 & 1 \end{bmatrix} \quad \text{或} \quad H_y = \begin{bmatrix} 1 \\ 1 \\ 1 \end{bmatrix} \tag{2.20}$$

如果需要一个接一个对图像 I 使用这两个滤波器,则可以进行如下操作:

$$I \leftarrow (I * H_x) * H_y = I * H_x * H_y \tag{2.21}$$

可以对图像使用滤波器 H_{xy} 得到相同的结果,即将两个方向滤波器 H_x 和 H_y 进行卷积,如下:

$$H_{xy} = H_x * H_y = \begin{bmatrix} 1 & 1 & 1 & 1 & 1 \\ 1 & 1 & 1 & 1 & 1 \\ 1 & 1 & 1 & 1 & 1 \end{bmatrix} \tag{2.22}$$

此时,"盒"平滑滤波器 H_{xy} 可被分解为两个 1-D 滤波器,应用于图像的两个不同方向上。由完整滤波器 H_{xy} 执行的卷积需要对图像中每个像素进行 $3 \times 5 = 15$ 个操作。而在使用两个滤波器 H_x 和 H_y 的情况下,只需要对图像中每个像素进行 $3 + 5 = 8$ 个操作,少了很多。

2. 高斯滤波器分离

一个 2-D 滤波器可以分为 x-y 方向的两个滤波器。这种方式还可以推广到其他 2-D 函数,也可以将其分为两个函数,每个函数对应特定的维数。数学上就是

$$H_{xy}(i,j) = H_x(i) \cdot H_y(j) \tag{2.23}$$

一种突出的情况就是高斯函数 $G_\sigma(x,y)$,它可以分解成两个 1-D 函数的乘积:

$$G_\sigma(x,y) = \exp\left(\frac{x^2+y^2}{2\sigma^2}\right) = \exp\left(\frac{x^2}{2\sigma^2}\right) \cdot \exp\left(\frac{y^2}{2\sigma^2}\right) = G_\sigma(x) \cdot G_\sigma(y) \tag{2.24}$$

可见,一个 2-D 高斯滤波器 $H^{G,\sigma}$ 可以被分成一对 1-D 高斯滤波器 $H_x^{G,\sigma}$ 和 $H_y^{G,\sigma}$,具体定义如下:

$$I \leftarrow I * H^{G,\sigma} = I * H_x^{G,\sigma} * H_y^{G,\sigma} \tag{2.25}$$

高斯函数衰减速度很慢。为避免系数的取整误差,不能使用 $\sigma < 2.5$ 的值。因此,对使用标准方差 $\sigma = 10$ 的滤波器,需要使用 51×51 的滤波器。如果滤波器被如上分解为两个,

则操作速度将 50 倍快于原始的滤波器。

2.6.4 滤波器的脉冲响应

Delta 函数 δ 在卷积操作中是一个中立的元素。当函数 δ 与一幅图像 I 卷积时,则结果是没有任何变化的图像 I。这种效果可定义如下:

$$I * \delta = I \tag{2.26}$$

Delta 函数 δ 在 2-D 离散情况可定义为

$$\delta(i,j) = \begin{cases} 1, & i = j = 0 \\ 0, & \text{其他} \end{cases} \tag{2.27}$$

将 δ 函数看作一幅图像来显示,则将是一个处在坐标原点的亮点,周围有无穷个黑点。图 2.13 显示了 2-D 时的 δ 函数,以及它如何被看作图像。

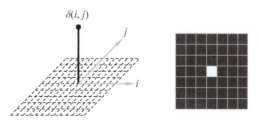

图 2.13　2-D 的 δ 函数

如果 δ 函数被用作滤波器,并被用于与图像卷积,结果仍是原始图像(见图 2.14)。

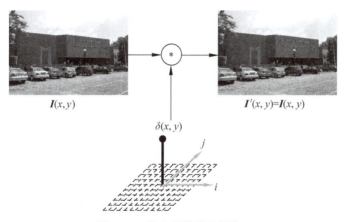

图 2.14　将 δ 函数用于图像 I

相反的情况也值得关注。如果 δ 函数被用作输入(将其看作图像)并与一个滤波器卷积,那么结果将是滤波器系数(见图 2.15):

$$H * \delta = H \tag{2.28}$$

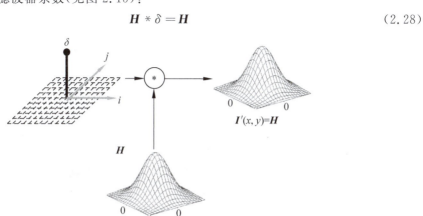

图 2.15　将 δ 函数与滤波器 H 卷积的结果

如果滤波器的特性未知,且希望在滤波器用作线性滤波器时进行分析,那么使用这个响应是有意义的。如果使用脉冲函数,则可获得滤波器的信息。滤波器对脉冲函数的响应称为滤波器的脉冲响应,它在分析和合成工程系统时很有用。

2.7 用 MATLAB 对图像加噪声

为测试滤波器用于图像的有效性,需要评价它们在包含瑕疵或结构(噪声)的图像上消除噪声的效果。从逻辑上讲,要自然地获得这样的图像是困难的。即,当用数字相机或扫描仪采集图像时获得这样的图像不容易[8]。获得具有这样问题图像的较简便的方法是人工产生它们,这意味着用某种方式获取图像再利用程序将瑕疵加进去。

利用 MATLAB 可以通过编程将噪声引入图像。这样加入的噪声可以建模,并达到需要的复杂度。本节将介绍如何加入椒盐噪声。椒盐噪声模拟了图像中两类随机元素:白(盐)和黑(椒)像素。在接下来的各节中,这种类型的噪声将被用于测试滤波器效果。

由于这种噪声的随机本质,需要使用 MATLAB 中可以随机给出 1 到最大值(对应图像尺寸)之间值的函数,并将其赋给一对定义像素位置(x,y)的元素。一旦像素选定,对它的赋值可以是 255(盐)或 0(椒)。MATLAB 函数 rand 返回一个均匀分布在 0 和 1 之间的伪随机数,格式为

```
y = rand;
```

其中,y 是 rand 函数返回的值,由 rand 生成的值均匀分布在 0 和 1 之间。因此,要覆盖感兴趣的区间,需要将其乘以区间的最大限。

如果图像仅由于添加了值为 0 或 255 的像素而失真,当需要视觉分析或直接显示时,要观察这些噪声像素有一定的困难。因为这个原因,更好的选择是增加一些结构。能够污染图像

(x, y)	$(x+1, y+1)$
$(x+1, y)$	$(x+1, y+1)$
$(x+2, y)$	$(x+2, y+1)$

图 2.16 代替单个像素而作为噪声加入的结构,以方便观察

以产生噪声的结构可以是任意的,为简便常选择矩形。重要的一点是,在任何情况下,矩形结构要比滤波器小。否则,滤波器将没有能力消除失真。在这种情况下,常选择 3×2 的结构,因为大多数用于描述其效果的滤波器为 3×3。图 2.16 给出了作为噪声加入的结构,其位置是相对于左上像素的。

程序 2.2 给出了允许加 2000 个噪声点的 MATLAB 代码,其中 1000 个对应强度值 255(盐),1000 个对应强度值 0(椒)。

程序 2.2 给图像添加椒盐噪声的 MATLAB 程序

```
% % % %%%%%%%%%%%%%%%%%%%%%%%%%%%%%%%%%%%%%%%%%%%%%%%%
%%
%                                                   %
% MATLAB script to add salt and pepper noise        %
%                                                   %

%%%%%%%%%%%%%%%%%%%%%%%%%%%%%%%%%%%%%%%%%%%%%%%%%%%%
% Load image
Ir = imread('fig 2.17.jpg');
Ir  = rgb2gray(Ir);
% Make a copy in Ir1 for adding noise
```

```matlab
Ir1 = Ir;
[row, col] = size(Ir);
% 1000 noise points with value of 255 are calculated
for v = 1:1000
    % calculate the positions of each point for x
    x = round (rand * row);
    % for y scales, the value for the maximum interval
    y = round (rand * col);
    % Since MATLAB does not index from 0, the program
    % is protected to start at 1.
    if x == 0
        x = 1;
    end
    if y == 0
        y = 1;
    end
    % Borders are recalculated so that the structure %  can be inserted
    if x >= row
        x = x - 2
    end
    if y == col
        y = y - 1;
    end
    % The structure is inserted with intensity values of 255 (salt)
    Ir1(x, y) = 255;
    Ir1(x, y + 1) = 255;
    Ir1(x + 1, y) = 255;
    Ir1(x + 1, y + 1) = 255;
    Ir1(x + 2, y) = 255;
    Ir1(x + 2, y + 1) = 255;
end
% 1000 noise points with value 0 are calculated
for v = 1:1000
    x = round (rand * row);
    y = round (rand * col);
    if x == 0
        x = 1;
    end
    if y == 0
        y = 1;
    end
    if x >= row
        x = x - 2;
    end
    if y == col
        y = y - 1;
    end
    Ir1(x, y) = 0;
    Ir1(x, y + 1) = 0;
    Ir1(x + 1, y) = 0;
    Ir1(x + 1, y + 1) = 0;
    Ir1(x + 2, y) = 0;
    Ir1(x + 2, y + 1) = 0;
```

```
end
figure
imshow(Ir)
figure
imshow(Ir1)
```

一个重要的考虑是需要保护结构放置的随机位置,以保证结构完全在图像内。为此,程序要检查结构是否位于合适的位置。这个过程保证了结构总在合适的处理位置。图 2.17 给出了执行程序 2.2 所得到的结果图像。

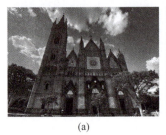 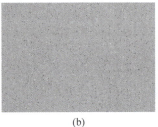 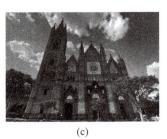

(a)　　　　　　　　　　　　(b)　　　　　　　　　　　　(c)

图 2.17　图像因为程序 2.2 产生的椒盐噪声而失真的过程

(a)原始图像;(b)所加的椒盐噪声(加了灰色背景以显示结构 0 和结构 255);(c)带有噪声的图像

为节约时间,可以使用图像处理工具箱中的函数,这些函数允许给图像中加入不同的噪声。本节将介绍如何加入一种特殊的噪声——椒盐噪声。

函数的结构如下:

g = imnoise(f,'salt & pepper',0.2);

其中,f 是需要加椒盐噪声的图像,0.2 是图像中加噪声像素的百分比(即椒盐像素数是图像像素的 20%),g 代表加了噪声图像的矩阵。

2.8　空域非线性滤波器

使用线性滤波器来平滑图像和消除失真有一个大的缺点:图像中的结构,如点、边缘和线,也会受影响(见图 2.18)。使用线性滤波器系数的组合也不能避免这种问题。所以,如果需要平滑图像又不影响图像中结构的质量,使用线性滤波器不是好的选择[9]。本节将介绍和描述一种特殊类型的滤波器,它可以解决这个问题,至少比线性滤波器要好。非线性滤波器能消除噪声而没有不希望的失真效果。这类滤波器基于非线性操作的特性和性质。

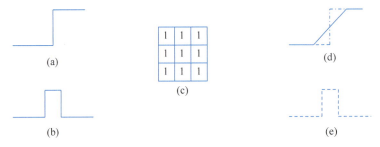

图 2.18　使用(c)线性平滑导致了图像中重要结构的退化,如边缘[(a)→(d)];线[(b)→(e)]

2.8.1 最大值和最小值滤波器

非线性滤波器与线性滤波器一样在计算某个位置(x,y)的结果时使用与原始图像相关的区域R。最简单的非线性滤波器是最大值和最小值滤波器。最大值和最小值滤波器分别定义如下:

$$I'(x,y) = \max\{I(x+i,y+j)|(i,j)\in R\} = \max[R(x,y)]$$
$$I'(x,y) = \min\{I(x+i,y+j)|(i,j)\in R\} = \min[R(x,y)]$$
(2.29)

式中,$R(x,y)$代表由滤波器定义的与位置(x,y)相关的区域(绝大多数情况下是一个3×3的矩形)。图 2.19 展示了最小值滤波器在不同图像结构上的效果。由图 2.19 可见,阶跃边缘看起来由于最小值滤波器的作用向右移动了相当于滤波器所定义区域 R 的宽度。另外,如果一条线的宽度小于滤波器的宽度,则会被消除。

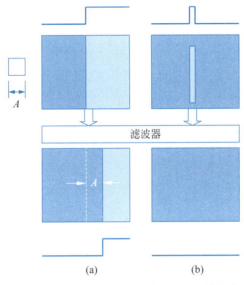

图 2.19 最小值滤波器在图像中不同局部形状处的效果。原始图像在顶部,而用滤波器操作得到的结果在底部。A 的值表示所用滤波器的宽度,它也同时定义了所考虑的区域 R。图(a)中的阶跃边缘由于使用滤波器而向右移动了 A 个单位。图(b)中的线,如果它的宽度小于 A,则由于滤波操作的结果而消失。

图 2.20 展示了最小值滤波器和最大值滤波器对人工添加了椒盐噪声的强度图像的应用。最小值滤波器消除了图像中的白点,因为它将由滤波器确定的、以白点为中心的影响区域 $R(x,y)$ 中的最小值替换了白点。同样地,图像中具有最小值的像素(黑点或椒噪声点)相对于滤波器尺寸 A 而扩大了。最大值滤波器给出了相反的效果。即,具有属于 0(椒)值或小强度值的失真像素将被消除,而白色结构将会被扩大。图 2.20 给出了最小值滤波器和最大值滤波器对一幅图像的效果。

2.8.2 中值滤波器

很明显,不可能构建一个既能消除图像中所有噪声或瑕疵,又能不影响图像中所考虑的重要结构的滤波器。事实上,区分对观察者重要或不重要的结构是不可能的。此时,中值滤波器是解决这个问题的一个有效途径。

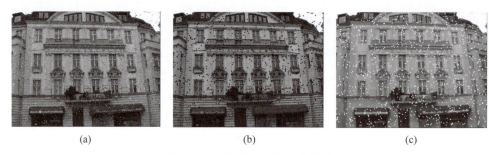

图 2.20　最小值和最大值滤波器

（a）原始图像（已人工加入椒盐噪声，见 2.6 节介绍）；（b）使用 3×3 最小值滤波器得到的结果图像；
（c）使用 3×3 最大值滤波器得到的结果图像

图像的边缘由于线性滤波器的平滑效果而减弱的结果一般不可取。中值滤波器允许移除图像中的伪影和不希望的结构而不明显地影响边缘。中值滤波器是一类特殊的统计滤波器，它们除了具有非线性特征外，还基于一些统计操作。

在统计学中，中值是一组数据中前面和后面有相同数量的数据的值。根据这个定义，一组数据中有 50% 的数据小于或等于中值，而另外 50% 的数据大于中值。

考虑按升序排列的一个序列 $x_1, x_2, \cdots, x_n$，其中值定义如下：

$$M_e = x_{\frac{n+1}{2}} \tag{2.30}$$

如果 n 是奇数，那么 M_e 将是排序（升序或降序）后中间那一个。如果 n 是偶数，那么 M_e 将是中间两个的算术平均值，即

$$M_e = \frac{x_{\frac{n}{2}} + x_{\frac{n+1}{2}}}{2} \tag{2.31}$$

所以，可以说中值滤波器用由滤波器所定义的影响区域 $R(x,y)$ 的强度值的中值替换图像中的每个像素的值。这可写成

$$I'(x,y) = M_e[R(x,y)] \tag{2.32}$$

为计算感兴趣区域 $R(x,y)$ 中的中值，需要执行两个步骤。首先，将图像中对应由滤波器定义的影响区域的强度值放入一个矢量。然后，将它们按升序重新排列。如果有重复的值，则仍重复地排列。图 2.21 展示了具有 3×3 区域的滤波器对中值的计算。

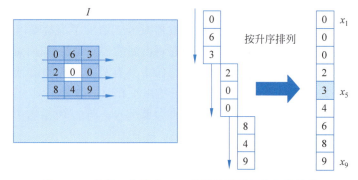

图 2.21　考虑一个尺寸 3×3 的滤波器进行的中值计算

因为一般滤波器定义为一个奇数尺寸的矩阵，则中值总对应感兴趣区域 $R(x,y)$ 的升序矢量中心的值。

可以说,中值滤波器并没有计算或产生一个用来替换图像像素的新值,而只是选择一个区域中已有的值作为数据重排的结果。图 2.22 图示了一个中值滤波器在 2-D 结构上的效果。从结果看,图 2.22(a) 和图 2.22(b) 中的结构小于滤波器的一半而被移除了,图 2.22(c) 和图 2.22(d) 中的结构大于滤波器的一半而保持不变。图 2.23 最后给出了中值滤波器消除图像中椒盐噪声的结果。

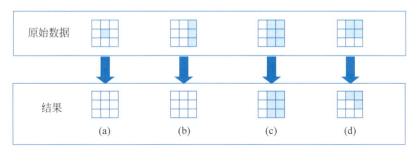

图 2.22 中值滤波器在结构上的效果

(a)和(b)结构小于滤波器的一半,被消除了;(c)和(d)结构大于或等于滤波器的一半,保持不变

图 2.23 中值滤波器的结果和比较

(a) 加入椒盐噪声后的原始图像(见 2.6 节);(b) "盒"平滑滤波器对(a)中图像的效果,滤波器没能消除导致图像失真的伪影,能看见的只是有所减弱;(c) 中值滤波器的效果,可见图像中的噪声是如何被消除的

2.8.3 具有多重性窗口的中值滤波器

中值滤波器需要考虑一组数据。如果在滤波器感兴趣区域 $R(x,y)$ 中一个值相比其他数据小得多或大得多,那么它将不会明显地改变结果。由于这个原因,它非常适合用于消除椒盐噪声。

利用中值滤波器,在滤波器的感兴趣区域中的所有像素对决定结果有相同的重要性。本章多处已提及,在替换图像中的一个像素时,希望滤波器能给对应中心的系数赋予较大的权重。

具有多重性窗口的中值滤波器可被看作中值滤波器的一种变型,它与原始滤波器不同的是,它能对图像中不同像素依据滤波器矩阵 H 的对应系数给出不同的重要性。这样一来,矩阵 H 中的系数放缩其图像中对应的像素。不过,这种滤波器执行的操作不是滤波器系数与对应像素相乘(multiplication)而是多重性(multiplicity)。此时,系数值代表滤波器对应的强度值在计算中值时出现的次数。

在这样的条件下,系数矩阵指示它所考虑的为计算中值的数据数量总和。考虑用于计算中值的数据分布在 3×3 的窗口中:

$$\boldsymbol{H} = \begin{bmatrix} h_1 & h_2 & h_3 \\ h_4 & h_5 & h_6 \\ h_7 & h_8 & h_9 \end{bmatrix} \tag{2.33}$$

数据尺寸 T 计算如下：

$$T = h_1 + h_2 + h_3 + h_4 + h_5 + h_6 + h_7 + h_8 + h_9$$

$$T = \sum_{i=1}^{9} h_i$$

作为一个示例，考虑一个滤波器定义如下：

$$\boldsymbol{H} = \begin{bmatrix} 1 & 3 & 2 \\ 2 & 4 & 1 \\ 1 & 2 & 1 \end{bmatrix} \tag{2.34}$$

数据尺寸 T 为

$$T = \sum_{i=1}^{9} h_i = 17 \tag{2.35}$$

一旦知道了需要考虑的数据量，就可使用与 2.6.2 节相同的方法来确定数据组的中值。因此，如果由 T 定义的数据量是奇数，那么中值就是升序排列的数据集中的中心数据；如果数据量是偶数，那么就需要计算两个中心数据的平均值，如式(2.31)所示。图 2.24 给出了这个滤波器的操作过程。

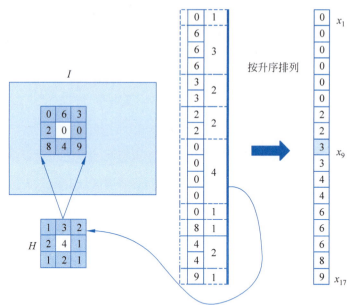

图 2.24 由具有 3×3 多重性窗口的中值滤波器执行的计算

在这种方法中，矩阵 $\boldsymbol{H}$ 的系数必须为正的，如果某个位置的系数为 0，那么对应的图像像素在计算中值时就不被考虑。定义在式(2.36)的中值交叉滤波器就是一个示例。如其名称所指，仅考虑十字交叉的系数矩阵数据。

$$\boldsymbol{H} = \begin{bmatrix} 0 & 1 & 0 \\ 1 & 1 & 1 \\ 0 & 1 & 0 \end{bmatrix} \tag{2.36}$$

2.8.4 其他非线性滤波器

中值滤波器以及它的具有多重性窗口的变型只是非线性滤波器少数常用和容易解释的例子。非线性滤波器包含了所有不具有线性性质的滤波器。大量具有非线性特性的滤波器,如角点检测器和形态学滤波器将在后面的章节中介绍。各种非线性滤波器之间的一个重要区别是它们的数学和理论基础是不同的,这与线性滤波器不一样,后者都基于卷积和组合的性质。

2.9 MATLAB 中的线性空域滤波器

为解释 MATLAB 实现空域滤波的选项,下面分析相关和卷积操作执行的细节。接下来,考虑可能使用的函数以在 MATLAB 中实现这些操作。

2.9.1 相关尺寸和卷积

为简单说明这些操作是如何执行的,考虑 1-D 的情况。假设有一个函数 f 和一个核 k,如图 2.25(a)所示。为进行一个函数和一个核的相关操作,要移动两个序列以使它们的参考点重合,如图 2.25(b)所示。由图 2.25(b)可以看出,此时有些序列没有对应的系数以进行计算。为解决此问题,最简单的方法是对函数 f 的头和尾添加一些 0 项(见图 2.25(c))。这样,两个序列在核移动时就保证有对应系数了。

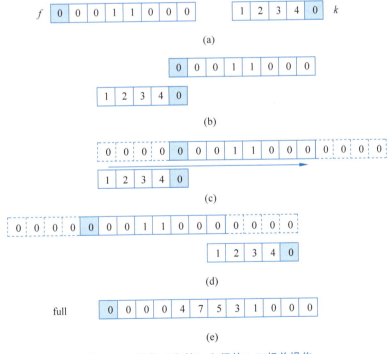

图 2.25 函数 f 和核 k 之间的 1-D 相关操作

(a) 函数和核;(b) 依据参考点对齐两个序列以进行相关;
(c) 对函数添加 0 项以保证系数对应;(d) 两个序列的乘积;(e) 相关的'full'结果

相关计算通过向右移动核来进行，相关序列的每个值通过相加两个序列对应系数的乘积得到。如图2.25(c)所示，相关序列第1个元素的结果值是0。相关序列最后1个元素的结果值由核在函数上最后1个移动所确定，此时核的最后1个值对应原始函数的最后1个值(不需再加0项)。这个过程显示在图2.25(d)中。

执行所描述的操作，就可得到图2.25(e)中的相关序列。需要注意，如果执行相对的过程，即让核固定而让函数移动，那么将得到不同的结果，所以次序很重要。

为利用MATLAB中实现的函数，需要结合数学运算及其结构中所用的参数。在这种情况下，如果通过在函数 f (包括加的0)上移动核 k ，相关结果才能被认为是'full'的。

另一个变型是考虑参考点在核 k 的中心系数上。这样，结果将与函数 f 有相同的尺寸。这是因为在函数和核之间将需要较少的移动。这种操作在MATLAB中称为'same'。图2.26给出了这种变型的相关过程。

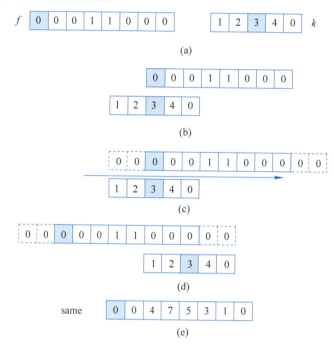

图2.26 函数 f 和核 k 之间的1-D相关操作，将核的中心系数作为参考点
(a) 函数和核；(b) 依据参考点对齐两个序列以进行相关；(c) 对函数添加0项以保证系数对应；
(d) 两个序列的乘积；(e) 相关的'same'结果

作为比较，具有'full'相关操作的相同步骤也在图2.26中给出。需要注意的一个要点是，这种相关的结果与函数 f 的序列有相同的尺寸。

在卷积中，如已解释过的，需要将核 k 旋转180°。然后，执行与相关相同的过程。与相关一样，'full'和'same'两种源自操作的结果也都成立。即，操作将是'full'或'same'的，取决于使用核的起始系数('full')或核的中心系数('same')作为参考点。图2.27给出了卷积情况下的计算过程。

从图2.27中可明显看出，将核 k 旋转180°反转了参考点。其他步骤与相关情况下相同。另一个重要的观察是卷积结果的'full'版本与相关结果的'full'版本完全相同，除了序列的次序正好反了过来。可见，两个操作有密切的联系。类似地，卷积也可用其'same'变型计

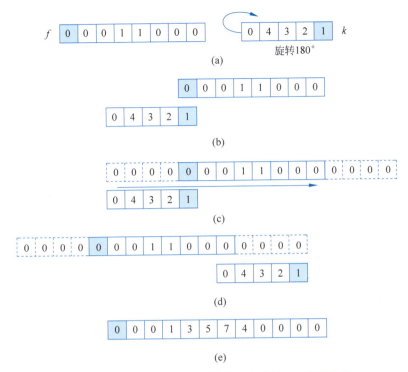

图 2.27 函数 f 和旋转 $180°$ 的核 k 之间的 1-D 卷积操作

(a) 函数和核；(b) 依据参考点对齐两个序列以进行卷积；(c) 对函数添加 0 项以保证系数对应；
(d) 两个序列的乘积；(e) 卷积的 'full' 结果

算，仅需要考虑将核本身也旋转。当它反转时，它将改变序列的顺序，但不会改变参考点。它是对称的，两个序列的端点保持在相同的位置，如图 2.28 所示。

这里讨论的概念可以扩展到图像。图 2.29 图示了相关和卷积操作以及它们的 'full' 和 'same' 变型。

图 2.28 旋转核以进行卷积

2.9.2 处理图像边框

前面反复提到过的一个重要问题是图像边框的处理问题。当用滤波器对图像进行相关或卷积操作时，会有一些对应图像边缘的滤波器系数没有相对应的图像强度值。如何处理这个问题将对最终结果有影响。

可以通过 4 种方法解决这个问题：
(1) 在边框处添加 0 值的行和列；
(2) 重复与图像最后的行值和列值相同的行和列；
(3) 添加将图像镜面反射过来的行和列；
(4) 添加将图像周期性循环得到的行和列。

下面将对每种方法简单进行讨论。其后，这些概念将与 MATLAB 中结合这些解决方法的函数联系起来。

(1) 在边框处添加 0 值的行和列。该方法前面已提到过，可以添加需要数量的行和列以保证系数-像素的对应性，这个数量依赖于滤波器的尺寸。在 MATLAB 中，这个在图像

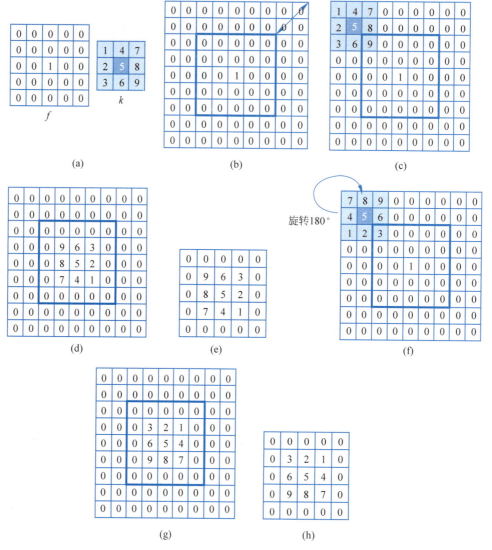

图 2.29 在图像上进行相关和卷积运算

(a) 原始图像 f 和核 k；(b) 为保证对每个核系数都有一个图像值而加了 0 项的原始图像；
(c) 核与加了 0 项的图像相关的开始；(d) 考虑加了 0 项图像的 'full' 相关的结果；
(e) 使用与原始图像相同尺寸（没有加 0 项）的图像的 'same' 相关的结果；
(f) 原始图像和旋转 180°的核（以卷积图像）；(g) 完整卷积结果；
(h) 使用与原始图像相同尺寸（没有加 0 项）的图像的 'same' 卷积的结果

中加 0 的选择以标志 '0' 表示。图 2.30 展示了这个过程。

(2) 重复与最后的行值和列值相同的行和列。在这个选择中，添加与边框行和列相同的行和列。换句话说，图像的尺寸将通过重复添加最后的行和列而增加。这种增加也依赖于滤波器的尺寸。这种方法比仅仅加 0 更好。在 MATLAB 中，这个选择以标志 'replicate' 表示。图 2.31 展示了这个过程。

(3) 添加将图像镜面反射过来的行和列。在这种情况下，添加行或列就如同图像在边框处像镜子反射一样。这种方法在实现时比前面的方法有一点复杂，因为行和列不像前面

图 2.30 对图像加 0 以保证每个滤波系数与图像像素的对应性

图 2.31 重复添加最后的行或列以保证每个滤波器系数与图像像素的对应性

那样是固定的,而是依赖于需要添加多少行和多少列到图像中。在 MATLAB 中,这个选择以标志'symmetric'表示。图 2.32 展示了这个过程。

(4) 添加将图像周期性循环得到的行和列。在这种情况下,将图像看作在各个方向上都重复的信号来添加行和列,即将图像与上下、一侧和另一侧的图像拼接在一起。在 MATLAB 中,这个选择以标志'circular'表示。图 2.33 展示了这个过程。

图 2.32 添加行或列就如同图像在边框处像镜子反射一样,以保证每个滤波器系数与图像像素的对应性

图 2.33 添加行或列就如同图像在边框处重复循环一样,以保证每个滤波器系数与图像像素的对应性

2.9.3 实现线性空域滤波器的 MATLAB 函数

MATLAB 的图像处理工具箱中的函数 imfilter 实现线性空域滤波器,它具有如下结构:

g = imfilter(f,H,filter_mode,border_options,result_size);

其中,g 是滤波的图像,f 是需要滤波的图像,H 是滤波器。标志 filter_mode 指定函数使用相关('corr')或卷积('conv')来滤波。标志 border_options 指示函数解决边框问题的方法。这里的选择包括 replicate、symmetric 和 circular,它们的效果和含义已在 2.9.2 节介绍过。标志 result_size 指示滤波器实际结果的尺寸,它可以是 same 和 full。类似地,这些选择的效果已经在 2.8.1 节介绍过。表 2.1 总结了标志和可能的选择。

表 2.1 imfilter 函数的结构元素汇总

选择		描述
滤波器模式	corr	使用相关来实现滤波。该选项是默认选择
	conv	使用卷积来实现滤波
边框选择	0	通过添加 0 来补全图像。该选项是默认选择
	replicate	通过添加等于边框行和列的相应行和列来补全图像
	symmetric	通过添加与镜面反射图像边框行和列的相应行和列来补全图像
	circular	通过添加将图像看作周期信号而得到的行或列来补全图像,图像与上下、一侧和另一侧都重复
结果尺寸	full	滤波结果图像是在边框处添加了行和列的图像,用以保证像素-系数对应性
	same	滤波结果图像的尺寸与原始图像相同。该选项是默认选择

如前所述,卷积在将滤波器先旋转 180°后与相关是相同的。反过来也成立,相关在将滤波器先旋转 180°后得到的结果与卷积是相同的。上述结果很重要,因为图像处理工具箱定义了若干个特殊的滤波器,已经先旋转过以直接用以相关(默认选项),虽然它们原来的目的是在图像上进行卷积。

当使用滤波器用于卷积时,有两个不同的选择:一个是使用 imfilter 函数的 filter_mode(conv)标志,另一个是旋转滤波器 180°并使用 imfilter 函数的默认选项(corr)。为旋转一个矩阵(此时是一个滤波器)180°,可使用下列函数:

```
Hr = rot90(H,2);
```

其中,Hr 是旋转 180°的滤波器,H 是需要旋转的滤波器。

图 2.34 展示 imfilter 函数的使用和对应标志 border_options 不同选项的效果,这里使用了 31×31 的"盒"平滑滤波器 H。MATLAB 命令如下:

```
H = ones(31,31)/(31 * 31);
```

由图 2.34(b)可见,根据选项'0'添加值为 0,在原始图像中没有黑像素区域的行和列产生从黑到白的平滑效果。相同的情况也发生在图 2.34(e)中,那里把图像看作与上下、一侧和另一侧都重复而添加了相同的行和列('circular')。

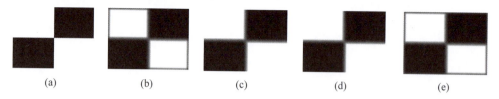

图 2.34 使用标志 border_options 不同选项的效果

(a) 原始图像;(b) 对图像使用选项'0'的效果;(c) 对图像使用选项'replicate'的效果;
(d) 对图像使用选项'symmetric'的效果;(e) 对图像使用选项'circular'的效果

2.9.4 实现非线性空域滤波器的 MATLAB 函数

非线性滤波器的操作机制也是沿图像移动模板。但与线性滤波器不同,它的操作不考虑对滤波器系数和图像像素的乘积求和。非线性滤波器与线性滤波器的另一个不同点是模板或滤波器系数的角色不同。在线性滤波器中,滤波器系数决定了滤波器的效果。而在非线性滤波器中,滤波器模板仅指示了在处理中要考虑的像素而没有如线性滤波器那样包括它们参与处理的方式。图像处理工具箱有两个函数对图像执行非线性滤波。它们是 nlfilter 和 colfilt。

函数 nlfilter 允许使用非线性操作对图像滤波。它的通用句法为

```
B = nlfilter(A,[m n],@fun);
```

其中,m 和 n 确定非线性滤波器影响区域的尺寸;A 对应被滤波的图像;B 将包含滤波的图像;fun 定义了用户实现的滤波器操作。该函数从 nlfilter 接收一个 m×n 矩阵的数据,并返回在这些数据上实现非线性操作的结果。符号@称为函数句柄,这是一种 MATLAB 数据类型,其中包含了有关函数可用于实现操作的参考信息。

作为例子,使用函数 nlfilter 计算中值滤波器。首先,需要一幅包含椒盐噪声的图像。考虑图 2.35(a)给出的图像,对其添加了 10%的椒盐噪声,得到图 2.35(b)。该图像被使用下列命令处理:

```
Iruido = imnoise(I,'salt & pepper',0.1);
```

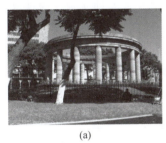 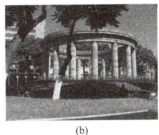 

(a)   (b)   (c)

图 2.35 函数 nlfilter 的使用

(a) 原始图像;(b) 添加椒盐噪声后失真的图像;(c) 使用函数 nlfilter 滤波的图像

为滤波,使用邻域 5×5 的中值滤波器。中值操作将用 nlfilter 来实现,接收有 25 个数据的矩阵。实现这个函数的 MATLAB 代码如程序 2.3 所示。一旦实现了要使用的函数 nlfilter,图像将根据下面的命令来完成滤波:

```
R = nlfilter(Iruido,[5 5],@median);
```

程序 2.3 为发现数据集合的中值而实现的函数,它借助 MATLAB 函数 **nlfilter** 实现对中值的非线性空间滤波器

```
%%%%%%%%%%%%%%%%%%%%%%%%%%%%%%%%%%%%%%%%%%%%%%%%%
%%%%%
% Function to implement the non – linear median filter
%       using
% the nlfilter function
%
%%%%%%%%%%%%%%%%%%%%%%%%%%%%%%%%%%%%%%%%%%%%%
%%%%%
% The function is created with the name with which it
```

```
% will be called, and it receives the vector x, which is
% the pixels found in the region of influence mxn
function v = mediana(x)
% the median of the data set is found, and that data is
% delivered by the function
v = median(x(:));
```

图 2.35 显示了用 nlfilter 来滤波的图像和该过程得到的效果。

函数 colfilt 通过将数据组织成列来执行滤波。该函数比函数 nlfilter 的优越之处是具有较快的计算速度。

考虑一个 $m\times n$ 的感兴趣区域,函数 colfilt 在尺寸为 $M\times N$ 的图像 I 上滤波,生成一个 $mn\times MN$ 的矩阵 A,其中每个列对应以图像中一个位置为中心的感兴趣区域的像素。例如,矩阵 A 的第 1 列包含感兴趣区域的部分像素,这些像素以 $M\times N$ 的图像 I 的左上角像素 $(0,0)$ 为中心。该函数的通用句法为

g = colfilt(I,[m n],'sliding'@fun);

其中,m 和 n 代表感兴趣区域或滤波器的尺寸;'sliding'指示模板 m×n 沿整幅图像 I 移动,通过逐像素操作进行滤波;fun 定义了用户实现的滤波器操作。该函数从 colfilt 接收一个 $mn\times MN$ 矩阵的数据,并返回一个 $1\times MN$ 的矢量(图像 I 的尺寸),即实现非线性操作的结果。

作为例子,使用函数 colfilt 再次计算中值滤波器。如同使用函数 nlfilter 时的情况,这里选择一个感兴趣区域为 5×5 的滤波器。函数要实现成它接收一个 $25\times MN$ 的数组,并返回一个 $1\times MN$ 的代表图像中所有 5×5 模板中心像素的中值矢量。程序 2.4 给出了实现这个函数的 MATLAB 代码。

程序 2.4 为发现 $mn\times MN$ 矩阵 A 的中值而实现的函数,它借助 MATLAB 函数 **colfilt** 实现对中值的非线性空间滤波器

```
%%%%%%%%%%%%%%%%%%%%%%%%%%%%%%%%%%%%%%%%%%%%%%%%%%%
%%%
% Function to implement the median non - linear filter using
% the colfilt function
%%%%%%%%%%%%%%%%%%%%%%%%%%%%%%%%%%%%%%%%%%%%%%%%%%%
%%%
%%%%%%%%%%%%%%%%%%%%%%%%%%%%%%%%%%%%%%%%%%%%%%%%%%%
%%%
% The function is created with the name with which it
% will be called. It receives the matrix A of dimension mnxMN
function v1 = medianal(A)
% the median of each column of matrix A is found, which is 25
% data (5x5) and returns a vector v1 of 1xMN with the medians
% of the entire image, it will be the same with median(A,1)
V1 = median(A);
```

2.10 二值滤波器

这个滤波器设计来处理二值图像。它包括一组用以从黑白区域消除噪声的布尔方程。它还包含重建角度退化的角点的函数。为解释滤波方程的操作,使用图 2.36 所定义的二值图像作为例子。

使用如图 2.37 所示的 3×3 窗口作为处理参考,新值 P_0 将从 p 和邻域像素 a,b,c,d,e,f,g,h 得到。计算过程类似于线性滤波器,除了此时用的是逻辑操作。所以,原始只能有值真(1)和假(0)。

图 2.36 用于示例二值滤波器操作的二值图像　　图 2.37 二值滤波器操作所使用的处理窗口

第 1 步是从白色区域移除噪声或黑色伪影。为此,使用下列方程:

$$P_0 = p + (b \cdot g \cdot (d+e)) + (d \cdot e \cdot (b+g)) \qquad (2.37)$$

该处理步骤的结果如图 2.38(a)所示。第 2 步是从黑色区域移除噪声或白色伪影,所用方程如下:

$$P_0 = p \cdot (((a+b+d) \cdot (e+g+h)) + ((b+c+e) \cdot (d+f+g))) \qquad (2.38)$$

该过程的结果如图 2.38(b)所示。为重构白色区域的角点,需要使用 4 个不同的方程,每个对应一个角点。

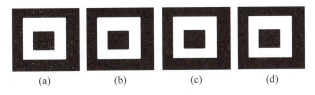

图 2.38 二值滤波器操作

(a)移除黑色伪影;(b)移除白色伪影;(c)重新生成白色元素的角点;(d)在黑色目标上重新生成角点

对右上的角点:
$$P_0 = \bar{p} \cdot d \cdot f \cdot g \cdot \overline{(a+b+c+e+h)} + p \qquad (2.39)$$

对右下的角点:
$$P_0 = \bar{p} \cdot a \cdot b \cdot d \cdot \overline{(c+e+f+g+h)} + p \qquad (2.40)$$

对左上的角点:
$$P_0 = \bar{p} \cdot e \cdot g \cdot h \cdot \overline{(a+b+c+d+f)} + p \qquad (2.41)$$

对左下的角点:
$$P_0 = \bar{p} \cdot b \cdot c \cdot e \cdot \overline{(a+d+f+g+h)} + p \qquad (2.42)$$

这 4 个操作的结果如图 2.38(c)所示。最后,根据上述 4 个方程,还需要另外 4 个方程以重构黑色区域的角点。

对右上的角点:

$$P_0 = \bar{p} \cdot (d+f+g) + \overline{(a \cdot b \cdot c \cdot e \cdot h \cdot p)} \tag{2.43}$$

对右下的角点:

$$P_0 = \bar{p} \cdot (a+b+d) + \overline{(c \cdot e \cdot f \cdot g \cdot h \cdot p)} \tag{2.44}$$

对左上的角点:

$$P_0 = p \cdot (e+g+h) + \overline{(a \cdot b \cdot c \cdot d \cdot f \cdot p)} \tag{2.45}$$

对左下的角点:

$$P_0 = p \cdot (b+c+e) + \overline{(a \cdot d \cdot f \cdot g \cdot h \cdot p)} \tag{2.46}$$

这 4 个操作的结果见图 2.38(d),这也给出了二值滤波器处理的最终结果。

以下展示如何实现二值滤波器以处理二值图像。在滤波器的实现中,将其操作分成 4 个不同的函数,它们需要顺序使用。

第 1 个函数称为 remove_black_noise,将移除伪影和被认为是噪声的黑色点。该函数显示在程序 2.5 中。

程序 2.5 移除伪影和被认为是噪声的黑色点的函数,是二值滤波器操作的一部分

```
%%%%%%%%%%%%%%%%%%%%%%%%%%%%%%%%%%%%%%%%%%%%%%%%%%%
%%%%%%%%%%%%
%
%
% Function to remove artifacts or black spots from a
%
% binary image, within the binary filter operation
%
%
%%%%%%%%%%%%%%%%%%%%%%%%%%%%%%%%%%%%%%%%%%%%%%%%%%%
%%%%%%%%%%%%
function Ifiltered = remove_black_noise(Ibin)
    Ifiltered = Ibin;
    % Get the size of the image
    [height, width] = size(Ifiltered);
    % The process is calculated for the entire image
    for m = 2:  (height - 1)
        for n = 2:  (width - 1)
            % Binary pixels corresponding to a 3x3 mask are obtained
            b = Ifiltered(m - 1, n);
            d = Ifiltered(m, n - 1);
            p = Ifiltered(m, n);
            e = Ifiltered(m, n + 1);
            g = Ifiltered(m + 1, n);
            % the Boolean equation defined in 2.38 applies
            Ifiltered(m, n) = p | (b&g&(d | e))|(d&e&(b | g));
        end
    end
end
```

称为 remove_white_noise 的函数将移除伪影和被认为是噪声的白色点。该函数显示在程序 2.6 中。

程序 2.6 移除伪影和被认为是噪声的白色点的函数,是二值滤波器操作的一部分

```
%%%%%%%%%%%%%%%%%%%%%%%%%%%%%%%%%%%%%%%%%%%%%%%%%%%%%%%%%%%
%%%%%%%%%%%%%%%%
%
%
% Function to remove artifacts or white points from a
%
% binary image within the binary filter operation
%
%
%
%%%%%%%%%%%%%%%%%%%%%%%%%%%%%%%%%%%%%%%%%%%%%%%%%%%%%%%%%%%
%%%%%%%%%%%%%%%%
function Ifiltered = remove_white_point_noise(Ibin)
    Ifiltered = Ibin;
    % Get the size of the image
    [height, width] = size(Ifiltered);
    % The process is calculated for the entire image
    for m = 2: (height - 1)
        for n = 2: (width - 1)
            % Binary pixels corresponding to a 3x3 mask are obtained
            a = Ifiltered(m - 1, n - 1);
            b = Ifiltered(m - 1, n);
            c = Ifiltered(m - 1, n + 1);
            d = Ifiltered(m, n - 1);
            p = Ifiltered(m, n);
            e = Ifiltered(m, n + 1);
            f = Ifiltered(m + 1, n - 1);
            g = Ifiltered(m + 1, n);
            h = Ifiltered(m + 1, n + 1);
            % the boolean equation defined in 2.39 applies
            Ifiltered(m,n) = p & (((a| b | d) & (e| g | h)) | ((b|c|e)&(d| f | g)));
        end
    end
end
```

称为 rebuild_white_corners 的函数重建白色目标上被退化的角点。该函数显示在程序 2.7 中。

程序 2.7 重建白色目标上被退化的角点的函数,是二值滤波器操作的一部分

```
%%%%%%%%%%%%%%%%%%%%%%%%%%%%%%%%%%%%%%%%%%%%%%%%%%%%%%%%%%%
%%%%%%%%%%%
%
% Function to reconstruct the corners of white objects
%
% that have defined angles, within the binary filter operation      %
%
%
%%%%%%%%%%%%%%%%%%%%%%%%%%%%%%%%%%%%%%%%%%%%%%%%%%%%%%%%%%%
%%%%%%%%%%%
function Ifiltered = rebuild_white_corners(Ibin)
    Ifiltered = Ibin;
    [height, width] = size(Ifiltered);
```

```
for m = 2:    (height - 1)
    for n = 2:    (width - 1)
    a = Ifiltered(m - 1, n - 1);
    b = Ifiltered(m - 1, n);
    c = Ifiltered(m - 1, n + 1);
    d = Ifiltered(m, n - 1);
    p = Ifiltered(m, n);
    e = Ifiltered(m, n + 1);
    f = Ifiltered(m + 1, n - 1);
    g = Ifiltered(m + 1, n);
    h = Ifiltered(m + 1, n + 1);
    % the logical equation defined in 2.40 applies
    Ifiltered(m, n) = ((not(p)) & (d&f&g) & not(a|b|c|e|h))|p;
    end
end
for m = 2:    (height - 1)
    for n = 2:    (width - 1)
    a = Ifiltered(m - 1, n - 1);
    b = Ifiltered(m - 1, n);
    c = Ifiltered(m - 1, n + 1);
    d = Ifiltered(m, n - 1);
    p = Ifiltered(m, n);
    e = Ifiltered(m, n + 1);
    f = Ifiltered(m + 1, n - 1);
    g = Ifiltered(m + 1, n);
    h = Ifiltered(m + 1, n + 1);
    % the logical equation defined in 2.41 applies
    Ifiltered (m, n) = ((not (p))&(a&b&d) &(not (c|e|f|g| h)))|p
    end
end
for m = 2:    (height - 1)
    for n = 2:    (width - 1)
    a = Ifiltered(m - 1, n - 1);
    b = Ifiltered(m - 1, n);
    c = Ifiltered(m - 1, n + 1);
    d = Ifiltered(m, n - 1);
    p = Ifiltered(m, n);
    e = Ifiltered(m, n + 1)
    f = Ifiltered(m + 1, n - 1);
    g = Ifiltered(m + 1, n);
    h = Ifiltered(m + 1, n + 1);
    % the logical equation defined in 2.42 applies
    Ifiltered (m, n) = ((not (p))&(e&g&h)&(not (a | b | c | d | f))) |p;
    end
end
for m = 2:    (height - 1)
    for n = 2:    (width - 1)
    a = Ifiltered(m - 1, n - 1);
    b = Ifiltered(m - 1, n);
    c = Ifiltered(m - 1, n + 1);
    d = Ifiltered(m, n - 1);
    p = Ifiltered(m, n);
    e = Ifiltered(m, n + 1)
    f = Ifiltered(m + 1, n - 1);
```

```
            g = Ifiltered(m + 1, n);
            h = Ifiltered(m + 1, n + 1);
            % the logical equation defined in 2.43 applies
            Ifiltered (m,n) = ((not (p))&(b&c&e) &(not (a| d | f | g | h))) |p;
        end
    end
end
```

称为 rebuild_black_corners 的函数重建黑色目标上被退化的角点。该函数显示在程序 2.8 中。

程序 2.8 重建黑色目标上被退化的角点的函数,是二值滤波器操作的一部分

```
%%%%%%%%%%%%%%%%%%%%%%%%%%%%%%%%%%%%%%%%%%%%%%%%%%%%%%%%
%%%%%%%%%
%
%
% Function to reconstruct the corners of black objects
%
% that have defined angles within the binary filter operation     %
%
%
%%%%%%%%%%%%%%%%%%%%%%%%%%%%%%%%%%%%%%%%%%%%%%%%%%%%%%%%
%%%%%%%%%
function Ifiltered = rebuild_black_corners(Ibin)
    Ifiltered = Ibin;
    [height, width] = size(Ifiltered);
    for m = 2: (height - 1)
        for n = 2: (width - 1)
            a = Ifiltered(m - 1, n - 1);
            b = Ifiltered(m - 1, n);
            c = Ifiltered(m - 1, n + 1);
            d = Ifiltered(m, n - 1);
            p = Ifiltered(m, n);
            e = Ifiltered(m, n + 1);
            f = Ifiltered(m + 1, n - 1);
            g = Ifiltered(m + 1, n);
            h = Ifiltered(m + 1, n + 1);
            % the logical equation defined in 2.44 applies
            Ifiltered(m,n) = p& ( (d| f | g) + not(a&b&c&e&h&p));
        end
    end
    for m = 2: (height - 1)
        for n = 2: (width - 1)
            a = Ifiltered(m - 1, n - 1);
            b = Ifiltered(m - 1, n);
            c = Ifiltered(m - 1, n + 1);
            d = Ifiltered(m, n - 1);
            p = Ifiltered(m, n);
            e = Ifiltered(m, n + 1);
            f = Ifiltered(m + 1, n - 1);
            g = Ifiltered(m + 1, n);
            h = Ifiltered(m + 1, n + 1);
            % the logical equation defined in 2.45 applies
            Ifiltered(m,n) = p & ( (a|b| d) | not(c&e&f&g&h&p));
        end
    end
```

```
            for m = 2: (height - 1)
                for n = 2: (width - 1)
                    a = Ifiltered(m - 1, n - 1);
                    b = Ifiltered(m - 1, n);
                    c = Ifiltered(m - 1, n + 1);
                    d = Ifiltered(m, n - 1);
                    p = Ifiltered(m, n);
                    e = Ifiltered(m, n + 1);
                    f = Ifiltered(m + 1, n - 1);
                    g = Ifiltered(m + 1, n);
                    h = Ifiltered(m + 1, n + 1);
                    % the logical equation defined in 2.46 applies
                    Ifiltered(m,n) = p & ( (e|g| h) + not(a&b&c&d&f&p));
                end
            end
            for m = 2: (height - 1)
                for n = 2: (width - 1)
                    a = Ifiltered(m - 1, n - 1);
                    b = Ifiltered(m - 1, n);
                    c = Ifiltered(m - 1, n + 1);
                    d = Ifiltered(m, n - 1);
                    p = Ifiltered(m, n);
                    e = Ifiltered(m, n + 1)
                    f = Ifiltered(m + 1, n - 1);
                    g = Ifiltered(m + 1, n);
                    h = Ifiltered(m + 1, n + 1);
                    % the logical equation defined in 2.47 applies
                    Ifiltered(m,n) = p & ( (b|c|e) | not(a&d&f&g&h&p)) ;
                end
            end
        end
```

参考文献

[1] O'Regan J K. *Advanced digital image processing and analysis*. CRC Press, 2018.

[2] Acharya T, Ray A K. *Image processing: Principles and applications*. CRC Press, 2017.

[3] McAndrew A. *Introduction to digital image processing with MATLAB*. CRC Press, 2017.

[4] Russ J C. *The image processing handbook* (6th ed.). CRC Press, 2011.

[5] Marques O. *Practical image and video processing using MATLAB*. Wiley, 2011.

[6] Khatun F, Rahman M M. A Review of Edge Detection Techniques in Image Processing. Journal of Electromagnetic Analysis and Applications, 2018, 10(8), 206-214. https://doi.org/10.4172/2332-0796.1000150.

[7] Umbaugh S E. *Digital image processing and analysis: Human and computer vision applications with CVIPtools* (2nd ed.). CRC Press, 2017.

[8] Demirkaya O, Asyali M H. *Image processing with MATLAB: Applications in medicine and biology*. CRC Press, 2016.

[9] Umbaugh S E. *Handbook of image processing and computer vision, Volume 1: Algorithms and techniques*. Wiley-Interscience, 2005.

第3章

边 缘 检 测

图像中的特征,如边缘,是通过强度或颜色的局部变化来检测的[1]。它们在图像解释中起到重要作用。一幅图像主观的"清晰"与其中结构的不连续性和锐度相关。人类眼睛会对目标边缘给予较大的权重,因为正是通过边缘人才能分辨不同的特性以及区分实际的形状。所以,简单的痕迹就足够解释目标的类别。因此边缘是图像处理和机器视觉的重要主题。

3.1 边缘和轮廓

边缘在人类视觉中起到主导的作用,或许在其他生物视觉系统中也是如此。边缘不仅能被注意到,而且有可能仅借助很少的边缘线来重建目标(见图 3.1)。这里要讨论的主要议题之一是边缘如何起源于图像和如何定位它们以用于其后的处理步骤。

(a)

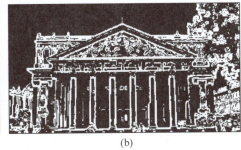
(b)

图 3.1
(a) 原始图像;(b) 具有边缘和轮廓的图像

粗略地说,边缘可被看作图像中强度在各个方向显著变化的点[2]。特定像素处呈现的强度变化将是图像中该点的边缘值。变化的幅度常借助导数计算,这也是确定图像边缘的最重要方法。根据特定像素中呈现的强度变化,将可以确定图像中该点的边缘值。

3.2 用基于梯度的技术检测边缘

考虑一幅具有在中心的白色区域被黑色背景包围的图像,如图 3.2(a)所示,先看 1-D 情况。

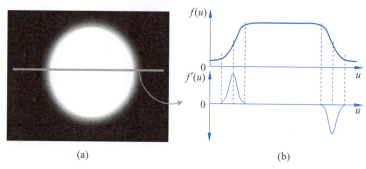

图 3.2 从图像水平剖面获得的 1-D 一阶导数
(a) 原始图像;(b) 水平剖面的导数

沿图像一条线的灰度剖面如图 3.2(b)所示。可以定义这个 1-D 信号为 $f(u)$。它的一阶导数定义如下:

$$f'(u) = \frac{\mathrm{d}f}{\mathrm{d}u}(u) \tag{3.1}$$

这样,在强度增加的地方有正的上升而在强度减少的地方有负的上升。不过,导数对离散函数 $f(u)$ 还没定义,需要有一种计算它的方法。

已知函数在点 x 的导数可解释成该点的切线斜率。不过对离散函数,在点 u(切线斜率计算点)的导数可根据 u 的邻域点之间的差除以两点之间的距离来计算[3],如图 3.3 所示。所以,导数可以近似为

$$\frac{\mathrm{d}f}{\mathrm{d}u}(u) \approx \frac{f(u+1)-f(u-1)}{2} = 0.5 \times (f(u+1)-f(u-1)) \tag{3.2}$$

相同的过程也可用于沿图像列的垂直方向。

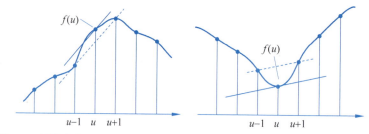

图 3.3 计算离散函数的一阶导数。用通过相邻点 $f(u-1)$ 和 $f(u+1)$ 的直线的斜率来间接计算 $f(u)$ 点的切线的斜率

3.2.1 偏导数和梯度

偏导数可以看作沿多维函数的一个坐标轴(相对于函数的变量之一)的导数,例如,

$$\frac{\partial I(x,y)}{\partial x} \quad \text{和} \quad \frac{\partial I(x,y)}{\partial y} \tag{3.3}$$

图像函数 $I(u,v)$ 相对于 u 和 v 的偏导数可以用下列矢量定义：

$$\nabla I(x,y) = \begin{bmatrix} \dfrac{\partial I(x,y)}{\partial x} \\ \dfrac{\partial I(x,y)}{\partial y} \end{bmatrix} \tag{3.4}$$

这代表了函数 I 在点 (x,y) 的梯度矢量。梯度的值可计算如下：

$$|\nabla I| = \sqrt{\left(\dfrac{\partial I}{\partial x}\right)^2 + \left(\dfrac{\partial I}{\partial y}\right)^2} \tag{3.5}$$

$|\nabla I|$ 的值在图像旋转时不变，所以它独立于图像中结构的朝向。这个性质对定位图像中的边缘点很重要，所以 $|\nabla I|$ 的值是大多数边缘检测算法中的一个实用值。

3.2.2 导出的滤波器

式(3.4)中的梯度分量是图像行和列的一阶导数。根据图3.2和图3.3，水平方向的导数可按滤波器操作用下列系数矩阵计算：

$$\boldsymbol{H}_x^{\mathrm{D}} = \begin{bmatrix} -0.5 & \underline{0} & 0.5 \end{bmatrix} = 0.5 \times \begin{bmatrix} -1 & \underline{0} & 1 \end{bmatrix} \tag{3.6}$$

其中，系数 -0.5 影响像素 $I(x-1,y)$，0.5 影响像素 $I(x+1,y)$。中间像素 $I(x,y)$ 的值乘以 0 或忽略掉（这里，带有下画线的元素被看作参考点或其值已计算）。以相同的方式，滤波器在垂直方向的相同效果也可以计算出来，即系数矩阵为

$$\boldsymbol{H}_y^{\mathrm{D}} = \begin{bmatrix} -0.5 \\ \underline{0} \\ 0.5 \end{bmatrix} = 0.5 \times \begin{bmatrix} -1 \\ \underline{0} \\ 1 \end{bmatrix} \tag{3.7}$$

图3.4显示了使用定义在式(3.6)和式(3.7)中的滤波器所获得的结果。在图3.4中，对方向的依赖性很容易识别。水平梯度滤波器 $\boldsymbol{H}_x^{\mathrm{D}}$ 导致了水平方向大量的响应并突出了垂直方向的边缘（见图3.4(b)）。以相同的方式，滤波器 $\boldsymbol{H}_y^{\mathrm{D}}$ 导致了垂直方向大量的响应并突出了水平方向的边缘（见图3.4(c)）。在滤波器响应为0的图像区域（在图3.4(b)和图3.4(c)中），其值用灰色像素来表示。

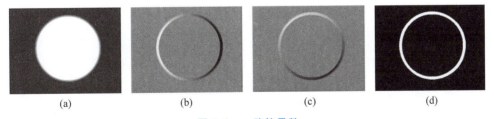

图 3.4　一阶偏导数

(a) 合成图像；(b) 水平方向的一阶偏导数 $\partial I/\partial u$；(c) 垂直方向的一阶偏导数 $\partial I/\partial v$；
(d) 梯度 $|\nabla I|$ 的值。在图(b)和图(c)中，黑色属于负值，白色属于正值，灰色对应 0

3.3　边缘检测滤波器

计算对应每幅图像中各种像素局部梯度方式的根本区别在于各个边缘检测算子。主要的差别是梯度被计算为不同的方向分量。但同样的是，所有偏导数结果（按各个方向获得）

都被结合进一个最终结果。在梯度的计算中,梯度值和边缘的方向都值得关注。不过,由于两个元素(梯度值和方向)都隐含在梯度计算中,所以可以更方便地得到它们[4]。下面将介绍一些非常著名的边缘算子,包括实际使用的和历史上有名的。

3.3.1 蒲瑞维特算子和索贝尔算子

蒲瑞维特算子和索贝尔算子代表两个使用最多的边缘检测方法[5],它们很相似,只有一些细节上的差别。

1. 滤波器

两个算子都使用 3×3 的系数矩阵作为滤波器。与式(3.6)和式(3.7)中给出的滤波器相比,这两个算子的尺寸和配置都使滤波器不易受到自身噪声的影响。蒲瑞维特算子使用如下定义的滤波器:

$$\boldsymbol{H}_x^{\mathrm{P}} = \begin{bmatrix} -1 & 0 & 1 \\ -1 & 0 & 1 \\ -1 & 0 & 1 \end{bmatrix}, \quad \boldsymbol{H}_y^{\mathrm{P}} = \begin{bmatrix} -1 & -1 & -1 \\ 0 & 0 & 0 \\ 1 & 1 & 1 \end{bmatrix} \quad (3.8)$$

这些滤波器很明显作用于所考虑像素的不同相邻像素。如果对它们的分解形式进行分析,有

$$\boldsymbol{H}_x^{\mathrm{P}} = \begin{bmatrix} 1 \\ 1 \\ 1 \end{bmatrix} * \begin{bmatrix} -1 & 0 & 1 \end{bmatrix}, \quad \boldsymbol{H}_y^{\mathrm{P}} = \begin{bmatrix} -1 \\ 0 \\ 1 \end{bmatrix} * \begin{bmatrix} 1 & 1 & 1 \end{bmatrix} \quad (3.9)$$

不管 $\boldsymbol{H}_x^{\mathrm{P}}$ 还是 $\boldsymbol{H}_y^{\mathrm{P}}$,带有±1分量的矢量都给出构建式(3.8)所定义滤波器的3列或3行系数。不过,可以看出,矢量[-1 0 1]保持了3.2.2节定义的导数近似;而分量全为1的矢量[1 1 1]在两种情况下都隐含了一个数据平滑操作。这样一来,滤波器除了定位或增强属于边缘的像素,还执行了一个平滑操作。这使得滤波器对图像中的噪声更鲁棒。

索贝尔算子与蒲瑞维特算子基本相同,二者仅有的差别是在这个滤波器中,对中心行或列给予较大的权重。索贝尔算子的系数矩阵定义如下:

$$\boldsymbol{H}_x^{\mathrm{S}} = \begin{bmatrix} -1 & 0 & 1 \\ -2 & 0 & 2 \\ -1 & 0 & 1 \end{bmatrix}, \quad \boldsymbol{H}_y^{\mathrm{S}} = \begin{bmatrix} -1 & -2 & -1 \\ 0 & 0 & 0 \\ 1 & 2 & 1 \end{bmatrix} \quad (3.10)$$

蒲瑞维特算子和索贝尔算子都给出图像像素沿两个不同方向上的局部梯度估计结果,并保持了下列关系:

$$\nabla I(x,y) \approx \frac{1}{6} \begin{bmatrix} \boldsymbol{H}_x^{\mathrm{P}} \cdot \boldsymbol{I} \\ \boldsymbol{H}_y^{\mathrm{P}} \cdot \boldsymbol{I} \end{bmatrix}, \quad \nabla I(x,y) \approx \frac{1}{8} \begin{bmatrix} \boldsymbol{H}_x^{\mathrm{S}} \cdot \boldsymbol{I} \\ \boldsymbol{H}_y^{\mathrm{S}} \cdot \boldsymbol{I} \end{bmatrix} \quad (3.11)$$

2. 梯度大小和方向

不管是蒲瑞维特算子还是索贝尔算子,对每个不同方向的滤波结果都可如下刻画:

$$D_x(x,y) = \boldsymbol{H}_x * \boldsymbol{I}, \quad D_y(x,y) = \boldsymbol{H}_y * \boldsymbol{I} \quad (3.12)$$

边缘 $E(x,y)$ 的幅度在两种情况下都定义为梯度的幅度:

$$E(x,y) = \sqrt{(D_x(x,y))^2 + (D_y(x,y))^2} \quad (3.13)$$

在各个像素的梯度方向(角度)可计算如下(见图3.5):

$$\phi(x,y) = \arctan\left[\frac{D_y(x,y)}{D_x(x,y)}\right] \qquad (3.14)$$

使用蒲瑞维特算子和索贝尔算子的原始版本计算梯度方向相对不太准确。所以，建议不使用式(3.10)定义的索贝尔算子而使用如下定义的能最小化角度误差的版本：

$$\boldsymbol{H}_x^{S'} = \frac{1}{32}\begin{bmatrix} -3 & 0 & 3 \\ -10 & 0 & 10 \\ -3 & 0 & 3 \end{bmatrix}, \quad \boldsymbol{H}_y^{S'} = \frac{1}{32}\begin{bmatrix} -3 & -10 & -3 \\ 0 & 0 & 0 \\ 3 & 10 & 3 \end{bmatrix} \qquad (3.15)$$

由于实现简单且效果好，索贝尔算子被大量数字图像处理的商业软件包采用(见图3.6)。

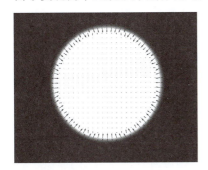

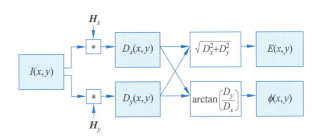

图3.5 梯度幅度 $E(x,y)$ 和它的方向 $\phi(x,y)$ 的表达(完整的边缘检测过程总结在图3.6中；首先，将原始图像通过两个系数矩阵 H_x 和 H_y 进行滤波，接下来，将结果归于梯度幅度 $E(x,y)$ 和它的方向 $\phi(x,y)$)

图3.6 用来检测边缘的滤波器的典型操作：借助系数矩阵 H_x 和 H_y，可得到梯度图像 D_x 和 D_y，并计算出梯度幅度 $E(x,y)$ 和它的方向 $\phi(x,y)$

3.3.2 罗伯特算子

罗伯特算子是在图像中用于定位边缘的最老的滤波器之一[6]。该滤波器的一个特点是它非常小，只使用2×2的系数矩阵来确定它在两个不同对角线方向的梯度。这个算子定义如下：

$$\boldsymbol{H}_1^R = \begin{bmatrix} 0 & 1 \\ -1 & 0 \end{bmatrix}, \quad \boldsymbol{H}_2^R = \begin{bmatrix} -1 & 0 \\ 0 & 1 \end{bmatrix} \qquad (3.16)$$

该滤波器对图像中具有对角线方向的边缘特别起作用(见图3.7)。不过，这使得该滤波器在方向上不是很有选择性，特别在具有不同朝向的区域里计算时。梯度的幅度按照式(3.5)的定义，可考虑计算两个分量 $\boldsymbol{H}_1^R$ 和 $\boldsymbol{H}_2^R$。不过，由于滤波器对数据对角线的操作，也可考虑梯度的幅度由两个45°的矢量($\boldsymbol{H}_1^R$ 和 $\boldsymbol{H}_2^R$)构成。图3.8展示了这个操作。

图3.7 罗伯特算子的对角线分量

(a) 分量 H_2^R；(b) 分量 H_1^R (从图中可以容易地识别出这个算子的对角线特性以得到图像中每个像素的梯度幅度)

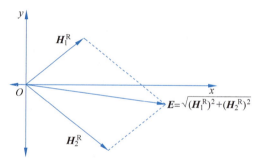

图 3.8 罗伯特算子的梯度幅度(梯度幅度 $E(x,y)$ 是两个正交滤波器 H_1^R 和 H_2^R 的和,可适用于各个对角线方向)

3.3.3 罗盘算子

在设计边缘检测滤波器中的一个问题是:对结构边缘的检测越敏感,对其方向的依赖性就越强。因此,为设计一个好的算子,需要在响应幅度和对梯度方向的敏感度之间进行平衡。

解决这个问题的一个方法是不仅仅使用将滤波器操作分解在两个方向上,如蒲瑞维特算子和索贝尔算子是在水平和垂直两个方向上,或如罗伯特算子是在对角线方向上,还可以在更多的方向上使用滤波器。一个典型的例子是基尔希算子,它包括 8 个不同的滤波器,互相之间相差 45°,如此就覆盖了所有方向以有效地进行边缘检测。这个算子的前 4 个系数矩阵如下定义:

$$\boldsymbol{H}_0^K = \begin{bmatrix} -1 & 0 & 1 \\ -2 & 0 & 2 \\ -1 & 0 & 1 \end{bmatrix}, \quad \boldsymbol{H}_1^K = \begin{bmatrix} -2 & -1 & 0 \\ -1 & 0 & 1 \\ 0 & 1 & 2 \end{bmatrix}$$
$$\boldsymbol{H}_2^K = \begin{bmatrix} -1 & -2 & -1 \\ 0 & 0 & 0 \\ 1 & 2 & 1 \end{bmatrix}, \quad \boldsymbol{H}_3^K = \begin{bmatrix} 0 & -1 & -2 \\ 1 & 0 & -1 \\ 2 & 1 & 0 \end{bmatrix} \quad (3.17)$$

这个算子的后 4 个系数矩阵与前 4 个系数矩阵只差一个负号,例如,$\boldsymbol{H}_4^K = -\boldsymbol{H}_0^K$。所以对 8 个滤波器 $\boldsymbol{H}_0^K, \boldsymbol{H}_1^K, \cdots, \boldsymbol{H}_7^K$,根据卷积的线性性质,有

$$\boldsymbol{I} * \boldsymbol{H}_4^K = \boldsymbol{I} * (-\boldsymbol{H}_0^K) = -(\boldsymbol{I} * \boldsymbol{H}_0^K) \quad (3.18)$$

由基尔希滤波器 $D_0, D_1, \cdots, D_7$ 的操作所产生的图像是用下列方式生成的:

$$\begin{aligned} D_0 &= \boldsymbol{I} * \boldsymbol{H}_0^K, \quad D_1 = \boldsymbol{I} * \boldsymbol{H}_1^K, \quad D_2 = \boldsymbol{I} * \boldsymbol{H}_2^K, \quad D_3 = \boldsymbol{I} * \boldsymbol{H}_3^K \\ D_4 &= -D_0, \quad D_5 = -D_1, \quad D_6 = -D_2, \quad D_7 = -D_3 \end{aligned} \quad (3.19)$$

梯度的幅度应源自基尔希滤波器生成的所有图像的组合,是由 8 个滤波器得到的图像在像素 (x,y) 处的最大值。所以,在像素 (x,y) 处的梯度幅度值定义如下:

$$\begin{aligned} E^K(x,y) &= |\max[D_0(x,y), D_1(x,y), \cdots, D_7(x,y)]| \\ &= \max[|D_0(x,y)|, |D_1(x,y)|, \cdots, |D_7(x,y)|] \end{aligned} \quad (3.20)$$

梯度的方向由对计算梯度幅度给出最大贡献的滤波器确定。所以,梯度方向由下式指定:

$$\phi^K(x,y) = \frac{\pi}{4}l, \quad l = \underset{0 \leqslant i \leqslant 7}{\operatorname{argmax}}[D_i(x,y)] \tag{3.21}$$

3.3.4 用 MATLAB 检测边缘

借助前面讨论的理论基础,本小节介绍如何使用 MATLAB 来计算图像中的边缘。为生成可确定图像边缘的程序,使用任一个蒲瑞维特算子、索贝尔算子、罗伯特算子或基尔希算子,都需要将程序分成 3 部分。

在第 1 部分中,需要每个滤波器生成一幅图像。一般对应算子的定义(见式(3.4)),需要不同方向上的两幅图像。在这部分中,滤波器(即系数矩阵)需要在空间上与图像卷积。这个过程的结果是由各个滤波器定义的方向上的梯度幅度值。图 3.9 展示了这个过程(考虑使用索贝尔算子)。

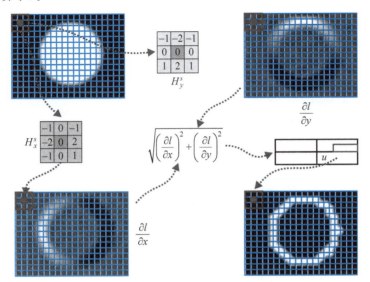

彩图

图 3.9 使用索贝尔算子确定梯度幅度的实现过程

在第 2 部分中,从(水平或垂直)滤波器和图像之间卷积得到的结果图像进一步计算梯度的幅度(见式(3.5))。

在第 3 部分中,设置一个阈值 U,以根据所考虑像素的梯度幅度值确定其是否为边缘的一部分。这个值自然定义了目标的结构特性。通过使用阈值 U,梯度幅度图被二值化。该图的元素只有 1 和 0。一个像素将是边缘如果它的值是 1;否则,它将是 0。程序 3.1 给出了用 MATLAB 实现的使用索贝尔算子确定图像中边缘的代码。

程序 3.1 使用 MATLAB 确定图像的边界

```
%%%%%%%%%%%%%%%%%%%%%%%%%%%%%%%%%%%%%%%%%%%%%%%%%%%%%%%
%%%%%%
% Determining the Edges of an Image Using the Sobel Operator %
%%%%%%%%%%%%%%%%%%%%%%%%%%%%%%%%%%%%%%%%%%%%%%%%%%%%%%%
%%%%%%
% The original image is brought into the MATLAB environment
I = imread('fotos/puente.jpg');
```

```matlab
% Convert the original image to an intensity image
% to be able to operate on it
Im = rgb2gray (I);
% The values of the dimensions of the image are obtained [m,n] = size(Im);
% The image is converted to double to avoid problems
% in data type conversion
Im = double(Im);
% Matrices are created with zeros
Gx = zeros(size(Im));
Gy = zeros(size(Im));

% FIRST PART
% Sobel Filters (see Equation 6.10) are applied
% to the image Gx, in the x - direction and
% Gy in the y - direction
for r = 2:m - 1
    for c = 2:n - 1
        Gx(r,c) = -1 * Im(r - 1,c - 1) - 2 * Im(r - 1,c) - Im(r - 1,c + 1)...
            + Im(r + 1,c - 1) + 2 * Im(r + 1,c) + Im(r + 1,c + 1);
        Gy(r,c) = -1 * Im(r - 1,c - 1) + Im(r - 1,c + 1) - 2 * Im(r,c - 1)...
            + 2 * Im(r,c + 1) - Im(r + 1,c - 1) + Im(r + 1,c + 1);
    end
end

% SECOND PART
% Total Gradient Value is calculated
% (see Equation 3.5 or 3.13 )
Gt = sqrt (Gx. ^2 + Gy. ^2);
% The maximum value of the gradient is obtained
VmaxGt = max (max(Gt));
% Normalize the gradient to 255
GtN = (Gt/VmaxGt) * 255;

% The image is converted for display
GtN = uint8 (GtN) ;
% The minimum values for the Gradients x and y are obtained.
VminGx = min(min(Gx));
VminGy = min(min(Gy));

% Using the lows shifts to avoid negatives.
GradOffx = Gx - VminGx;
GradOffy = Gy - VminGy;

% The maximum values for Gx and Gy are obtained.
VmaxGx = max(max(GradOffx)) ;
VmaxGy = max(max(GradOffy));

% Gradients are normalized to 255
GxN = (GradOffx/VmaxGx) * 255;
```

```
GyN = (GradOffy/VmaxGy) * 255;

% The image is converted for display
GxN = uint8 (GxN) ;
GyN = uint8 (GyN) ;

% Display of the gradients in x and y
figure
imshow (GXN)
figure
imshow (GyN)

% THIRD PART
% The image is binarized considering a threshold of 100
B = GtN > 25;
% Full gradient display
figure
imshow (GtN)
% Edge Image Display
figure
imshow(B)
```

使用程序 3.1 中的代码,所得到的结果如图 3.10 所示,其中可以看到原始强度图像,用索贝尔算子得到的 x-轴方向和 y-轴方向的梯度,以及总梯度和边缘。

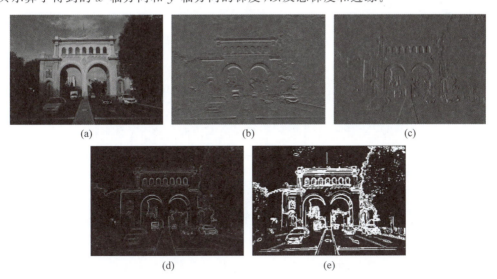

图 3.10 在强度图像上应用程序 3.1 的代码所得到的结果
(a) 原始灰度图像;(b) x 方向梯度;(c) y 方向梯度;(d) 总梯度;(e) 图像边缘

3.3.5 用于边缘检测的 MATLAB 函数

图像处理工具箱提供了函数 edge,它实现了前面各节讨论的不同算子(索贝尔算子、蒲瑞维特算子和罗伯特算子)[7]。对其中某些算子,还可以指定滤波器计算的方向。所以,可以指出梯度沿水平、垂直或两个方向执行的灵敏度。函数的通用结构可描述如下:

[g,t] = edge(f,'method',parameters);

其中,f 是需要提取边缘的图像;'method'对应表 3.1 中列出的算子之一;parameters 代表根据所使用方法而需要指定的配置;输出 g 是一幅二值图像,其中属于 f 中要检测边缘的像素具有值 1(否则,它们具有值 0);参数 t 是可选的,它提供了算法使用的阈值以确定什么样的梯度值可以被看作边缘。

表 3.1　图像处理工具箱中函数 edge 用到的边缘检测算子

算　子	'method'	滤　波　器	
蒲瑞维特	'prewitt'	$\boldsymbol{H}_x^{\mathrm{P}} = \begin{bmatrix} -1 & 0 & 1 \\ -1 & 0 & 1 \\ -1 & 0 & 1 \end{bmatrix}$	$\boldsymbol{H}_y^{\mathrm{P}} = \begin{bmatrix} -1 & -1 & -1 \\ 0 & 0 & 0 \\ 1 & 1 & 1 \end{bmatrix}$
索贝尔	'sobel'	$\boldsymbol{H}_x^{\mathrm{S}} = \begin{bmatrix} -1 & 0 & 1 \\ -2 & 0 & 2 \\ -1 & 0 & 1 \end{bmatrix}$	$\boldsymbol{H}_y^{\mathrm{S}} = \begin{bmatrix} -1 & -2 & -1 \\ 0 & 0 & 0 \\ 1 & 2 & 1 \end{bmatrix}$
罗伯特	'roberts'	$\boldsymbol{H}_1^{\mathrm{R}} = \begin{bmatrix} 0 & 1 \\ -1 & 0 \end{bmatrix}$	$\boldsymbol{H}_2^{\mathrm{R}} = \begin{bmatrix} -1 & 0 \\ 0 & 1 \end{bmatrix}$

1. 索贝尔算子

索贝尔算子使用表 3.1 描述的滤波器近似偏导数 $\partial I/\partial u$ 和 $\partial I/\partial v$。根据式(3.5)结合这些偏导数,可以得到各个像素 (u,v) 的梯度值。所以,一个像素 (u,v) 被认为对应图像中的边缘,如果该值大于一个预先定义的阈值。

图像处理工具箱调用边缘检测函数(使用索贝尔方法)的一般命令是:

[g,t] = edge(f,'sobel',U,dir);

其中,f 是需要提取边缘的图像;U 是一个阈值,用作判断边缘的准则;dir 选择梯度的方向,可以是'horizontal'(对于 $\boldsymbol{H}_x^{\mathrm{S}}$)或'vertical'(对于 $\boldsymbol{H}_y^{\mathrm{S}}$)。选项'both'是默认值,代表两个滤波器都计算。作为结果,函数给出图像 g,它包含检测出的边缘。g 是一幅二值图像,其中边缘像素具有值 1,而非边缘像素具有值 0。如果指定了阈值 U,则 t = U。如果没有指定阈值 U,那么算法自动确定一个阈值进行边缘检测,并返回给 t。

2. 蒲瑞维特算子

蒲瑞维特算子使用表 3.1 指定的系数矩阵进行边缘检测。该函数的一般结构如下:

[g,t] = edge(f,'prewitt',U,dir);

该函数的参数与索贝尔的参数相同。蒲瑞维特算子实现起来比索贝尔算子稍简单一些(从计算角度看)。但是,所得结果的噪声多一点。这是因为索贝尔算子对数据进行了平滑,这可从计算梯度时沿像素行或列为 2 的系数看出。

3. 罗伯特算子

罗伯特算子使用表 3.1 指定的滤波器来近似在像素 (x,y) 的梯度幅度。该函数的一般结构如下:

[g,t] = edge(f,'roberts',U,dir);

该函数的参数与索贝尔的参数相同。罗伯特算子是用于计算图像梯度最老的方法之一。尽管该方法实现最简单,但它的功能有限,因为它是不对称的。所以,它不能检测沿对角线 45°倍数的边缘。作为比较,图 3.11 给出应用前述各个不同的算子检测图像中边缘的比较。在图 3.11 中,所有函数在所有情况下使用相同的阈值。

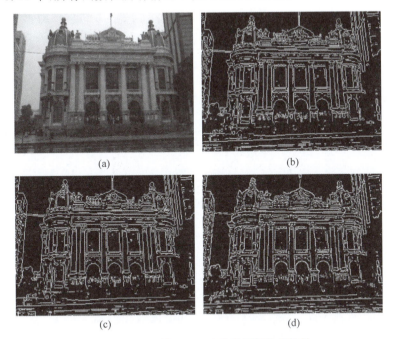

图 3.11　不同算子用于边缘检测的结果比较

(a)原始图像;(b)索贝尔算子检测出的边缘;(c)蒲瑞维特算子检测出的边缘;
(d)罗伯特算子检测出的边缘(在所有情况下,都使用了 $U=0.05$)

3.4　基于二阶导数的算子

前面在 3.2 节介绍了一组基于一阶导数的算子,以近似图像的梯度。除了这些滤波器,还有其他类型的算子,它们基于图像函数的二阶导数[8]。在图像中,强度改变可以根据各个方向的导数值(最大梯度)或根据二阶导数(拉普拉斯算子)的过零点计算。将会看到,使用一阶导数来进行边缘检测的问题是,当代表高度方向性的方法或边缘没有很好定义时,定位很困难。

尽管可以利用梯度值完成对边缘的检测,有时候知道像素处在梯度的正过渡区或负过渡区也很重要。这等价于知道像素是在边缘暗的一边还是亮的一边。

3.4.1　使用二阶导数技术的边缘检测

这种技术基于确定什么称为过零点(零交叉)。过零点是从正到负或反过来的过渡,这可通过二阶导数来估计。

一个 1-D 函数的导数可定义如下:

$$\frac{\partial f}{\partial x}=f(x+1)-f(x) \tag{3.22}$$

类似地，从式(3.22)可以定义二阶导数如下：

$$\frac{\partial^2 f}{\partial x^2} = f(x+1) - 2f(x) + f(x-1) \tag{3.23}$$

用二阶导数检测边缘基于任何方向上梯度值的过零点。为获得这种效果，可使用拉普拉斯算子，它对旋转不敏感且是各向同性的。

$$\nabla^2 I(x,y) = \frac{\partial^2 I(x,y)}{\partial x^2} + \frac{\partial^2 I(x,y)}{\partial y^2} \tag{3.24}$$

这个滤波器使用二阶导数。在拉普拉斯算子的式(3.24)中考虑代入式(3.23)，则有

$$\frac{\partial^2 I(x,y)}{\partial x^2} = I(x+1,y) - 2I(x,y) + I(x-1,y) \tag{3.25}$$

$$\frac{\partial^2 I(x,y)}{\partial y^2} = I(x,y+1) - 2I(x,y) + I(x,y-1) \tag{3.26}$$

这样，如果将式(3.25)和式(3.26)代入式(3.24)，则有

$$\nabla^2 I(x,y) = I(x+1,y) + I(x-1,y) + I(x,y+1) + I(x,y-1) - 4I(x,y) \tag{3.27}$$

如果将上述方程写成滤波器的形式，则得到如图 3.12 所示的系数矩阵。

如图 3.12 所示的滤波器(根据式(3.27)描述的形式)没有考虑像素在对角线邻域的变化，但这可以结合进滤波器。为考虑这一点，可在滤波器中增加 4 个 1。因此，中心系数也需要增加到 8。此时拉普拉斯算子可定义为如图 3.13 所示。

0	1	0
1	−4	1
0	1	0

图 3.12 代表拉普拉斯算子在图像上计算的滤波器，由式(3.27)得到

1	1	1
1	−8	1
1	1	1

图 3.13 对中心像素扩展了对角线邻接像素的拉普拉斯滤波器

从对拉普拉斯算子的计算可见，在均匀灰度区域的响应为 0，而在灰度变化区域的响应是不同的。这是因为这类滤波器的效果类似高通滤波器。滤波器系数之和总为 0。

一个在灰度图像上应用拉普拉斯算子的例子见图 3.14。它代表了在每个方向上应用二阶导数的不同效果，最终这两个结果按拉普拉斯算子的定义加起来。

3.4.2 图像的锐化增强

如果将拉普拉斯算子应用于一幅图像，将得到它的边缘。不过，如果希望改进图像的锐度，就需要保留原始图像的低频信息，并通过拉普拉斯滤波器加强图像中的细节。为获得这样的效果，需要从原始图像中减去拉普拉斯滤波器值的一个缩放版本。因此，具有改进锐度的图像可定义如下：

$$I(x,y)_{\text{Enhanced}} = I(x,y) - w \cdot \nabla^2 I(x,y) \tag{3.28}$$

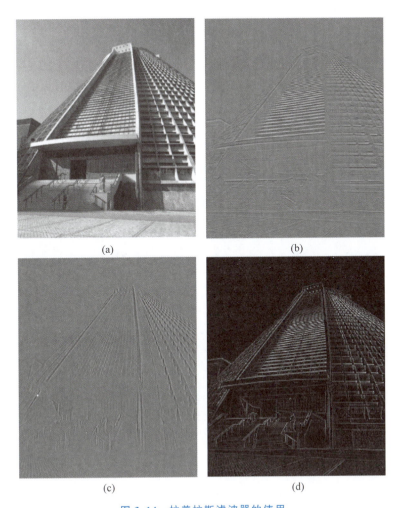

图 3.14 拉普拉斯滤波器的使用

(a) 原始图像；(b) 水平二阶导数 $\partial^2 I(x,y)/\partial x^2$；
(c) 垂直二阶导数 $\partial^2 I(x,y)/\partial y^2$；(d) 拉普拉斯算子 $\nabla^2 I(x,y)$

图 3.15 展示了这个概念，图像借此通过使边缘更加明显而改进了其锐度。为方便解释，图中仅考虑了 1-D 的情况。

改进图像锐度的效果可通过一步操作实现。考虑 $w=1$，增强模型可定义如下：

$$I(x,y)_{En} = I(x,y) - (1) \cdot \nabla^2 I(x,y) \tag{3.29}$$

如果用式(3.27)的表达式替换式(3.29)中的拉普拉斯算子，增强模型可定义如下：

$$I(x,y)_{En} = 5I(x,y) - [I(x+1,y) + I(x-1,y) + I(x,y+1) + I(x,y-1)] \tag{3.30}$$

如果式(3.30)表示了滤波器的形式，则其系数矩阵可定义如下：

$$\boldsymbol{I}(x,y)_{En} = \begin{bmatrix} 0 & -1 & 0 \\ -1 & 5 & -1 \\ 0 & -1 & 0 \end{bmatrix} \tag{3.31}$$

图 3.16 给出了对一幅图像使用这个滤波器得到的结果。

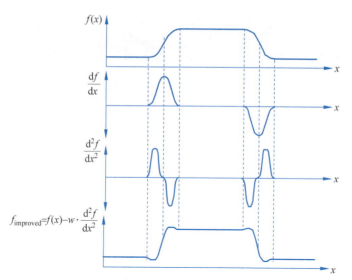

图 3.15 使用二阶导数进行锐化(通过从函数中减去其二阶导数的一个因子，可以最大化图像中的边界)

图 3.16 使用拉普拉斯算子以改进图像的锐度

(a) 原始图像；(b) 使用 $I(x,y)_{\text{Enhanced}} - w \cdot \nabla^2 I(x,y)$ 得到的图像，其中 $w=1$

3.4.3 用 MATLAB 实现拉普拉斯滤波器和增强锐度

本小节将描述用 MATLAB 改进图像的锐度。在这个过程中，也需要计算拉普拉斯算子。改进图像锐度的 MATLAB 代码可被分成两个简单步骤。第 1 步，根据图 3.12 描述的滤波器形式计算拉普拉斯滤波器。第 2 步，考虑用原始图像中包含的低频信息减去拉普拉斯算子的值(见式(3.28))以生成图像锐度，这里拉普拉斯算子结合了允许增强图像细节的信息。程序 3.2 给出使用拉普拉斯算子改进图像锐度的 MATLAB 代码。

程序 3.2 使用 MATLAB 借助拉普拉斯算子改进图像的锐度

```
%%%%%%%%%%%%%%%%%%%%%%%%%%%%%%%%%%%%%%%%%%%%%%%%%%%%%%%
%%%%%%%%%%%%%%%%%
% Improving the sharpness of an image using the Laplacian operator  %
%%%%%%%%%%%%%%%%%%%%%%%%%%%%%%%%%%%%%%%%%%%%%%%%%%%%%%%
%%%%%%%%%%%%%%%%%
% The image is read in order to process it.
I = imread('img.jpg');
```

```
% A conversion is made in the color space to work with
% an intensity image
Im = rgb2gray(I);
% The factor with which the Laplacian operator
% affect the image (see Equation 3.32)
w = 1;
% The dimension values of the image are obtained:
[m,n] = size(Im);
% The image is converted to double to avoid problems in the conversion of the data type:
Im = double(Im);
% The matrix L is created with zeros:
L = zeros(size(Im));

% FIRST PART.
% The Laplacian filter is applied:
for x = 2:m - 1
    for y = 2:n - 1
        L (x,y) = m(x + 1,y) + Im(x - 1,y) + Im(x,y + 1) + Im(x,y - 1) - 4 * Im(x,y);
    end
end
% SECOND PART.
% The new pixels of the image whose sharpness
% is intended to improve (see Formula 3.32):
Init = Im - w * L;
% The minimum value for the Init image is obtained:
VminInit = min(min(Init));
% Using the minimum value shifts to avoid negatives:
GradOffL = Init - VminInit;
% The maximum value to normalize to 1 is obtained:
VmaxInit = max(max(GradOffL));
% The gradients are normalized to 255:
InitN = (GradOffL/VmaxInit) * 255;
% Convert the image for deployment:
GInitN = uint8(InitN);
% The image is displayed to analyze its results
figure
imshow(GInitN)
```

使用程序 3.2 的代码的结果如图 3.17 所示。从图 3.17 中可看到原始灰度图像与用 $w=1$ 增强图像对比度得到图像之间的差别。

(a)

(b)

图 3.17 使用程序 3.2 的 MATLAB 代码借助拉普拉斯算子改善图像锐度的结果
(a) 原始灰度图像；(b) 使用 $w=1$ 增强对比度得到的图像

3.4.4 坎尼滤波器

使用坎尼滤波器是一种广为人知的检测图像中边缘的方法[2]。这个方法基于应用一系列不同方向和分辨率的滤波器,它们最终结合并给出单个结果。这个方法有 3 个目标:

(1) 最小化虚假边缘的数量;

(2) 改善图像中边缘的位置;

(3) 给出只有单个像素宽度的边缘。

坎尼滤波器本质上是一个基于梯度的滤波器,但它也使用了二阶导数(或拉普拉斯算子),作为边缘位置的准则。大多数情况下,这个算法使用其简单形式,即仅设置平滑参数 σ。图 3.18 给出应用该算法时采用不同参数值 σ 的例子。

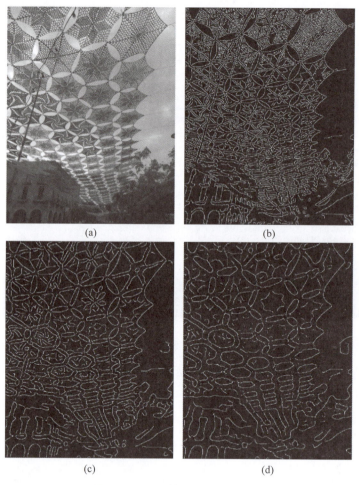

图 3.18 坎尼算法用于一幅图像

(a) 原始图像;(b) $\sigma=2$ 时的图像边缘;(c) $\sigma=4$ 时的图像边缘;(d) $\sigma=6$ 时的图像边缘

3.4.5 实现坎尼滤波器的 MATLAB 工具

因为坎尼滤波器广泛应用于分割和目标分类的预处理阶段以及检测边缘的鲁棒性,大多数商业库和数字图像处理工具都包括坎尼滤波器。在 MATLAB 中坎尼算法可使用函数

edge 来计算。它的通用结构为

```
BW = edge(I,'canny',U,sigma);
```

其中，BW 是带有检测出边缘的图像（使用了坎尼算法）；I 是需要从中提取边缘的灰度图像；U 是用于判断系数为边缘的阈值；sigma 代表平滑参数（σ），它有最小化虚假边缘数量的效果。

参考文献

[1] Gose E, Johnsonbaugh R, Jost S. *Pattern recognition and image analysis*. CRC Press, 2017.

[2] Canny J. A computational approach to edge detection. *IEEE Transactions on Pattern Analysis and Machine Intelligence*, 1986, 8(6), 679-698. https://ieeexplore.ieee.org/document/4767851.

[3] Bina S, Ghassemian H. A Comprehensive Review of Edge Detection Techniques for Images in Computer Vision. *Journal of Computer and Communications*, 2019, 7(1), 36-49. https://doi.org/10.14257/ijmue.2017.12.11.01.

[4] Hussain S, Hussain M. A Review of Edge Detection Techniques in Digital Image Processing. *International Journal of Scientific and Engineering Research*, 2014, 5(2), 222-231. https://www.researchgate.net/journal/International-Journal-of-Science-and-Research-IJSR-2319-7064.

[5] Singh S, Bhatnagar G. Comparative Analysis of Edge Detection Techniques for Digital Images. *Journal of Information Technology and Computer Science*, 2015, 7(1), 31-40. https://doi.org/10.1109/ICCCIS51004.2021.9397225.

[6] Abdullah-Al-Wadud M, Islam M A, Islam M M. A Review of Image Edge Detection Techniques and Algorithms. *Journal of Electromagnetic Analysis and Applications*, 2017, 9(10), 240-251. https://doi.org/10.1007/s11633-018-1117-z.

[7] Solomon C, Breckon T. *Fundamentals of Digital Image Processing: A Practical Approach with Examples in MATLAB*. Wiley, 2010.

[8] Tariq M A, Raza A, Abbas M. A Comparative Study of Edge Detection Techniques in Digital Image Processing. *IEEE Access*, 2019, 7, 40793-40807. https://doi.org/10.46565/jreas.2021.v06i04.001.

视频

第4章

二值图分割和处理

4.1 引言

图像分割被认为是计算机视觉中一个比较活跃的研究领域,具有数不清数量的应用[1]。分割的目的是将图像根据某些上下文分成有联系或有意义的区域。为此,已提出了许多方法和手段。选择某个特定的方法依赖于应用的特点。分割必须作为描述、识别或分类图像中目标的先期步骤[2]。本章将分析应用最广泛的分割方法及其实现。

由分割过程产生的二值图(二值图像)中,像素仅具有两种可能的值(1或0)之一[3]。这个像素分类一般对应目标(值为1)和背景(值为0),尽管在实际图像中这种区分并不总能实现。本章将分析二值图的结构,考虑如何区别图中的各个目标以及如何结构化地描述它们。作为简单的定义,目标将被定义为按某种邻域连接的一组像素,而它们的周围则由值为0的像素(背景)所限定。

4.2 分割

分割被定义为将图像划分为不同区域的过程,像素在各个区域中是相似的(根据某些准则),而它们在区域之间又是不同的[4]。分割的目的是区分感兴趣目标和图像中剩余的部分。在最简单的情况下,只考虑分割为两类区域。第一个类别是感兴趣目标,而第二个类别对应图像中剩余的部分,常称为背景。这个过程也称为二值化[5]。

分割中最常用的准则是灰度区域的一致性,尽管在新的应用中颜色或纹理也得到了使用。分割常是模式识别系统的第1步。它的作用是区别感兴趣目标以进行后来的分类[6]。

目前有许多图像分割方法,它们可根据所考虑的特性和所用算法的种类而划分。分割算法所考虑的特性包括像素强度值、纹理或梯度幅度。分割技术根据其算法种类可分为基于上下文的和不依赖于上下文的[7]。

不依赖于上下文的技术忽略像素与要分割目标间的联系。以这种方式,像素根据某些全局特性(如强度级)进行组合。这类方法中主要的技术是阈值化。在阈值化中,将各个像素根据其强度级是否超过了预先定义的强度级(阈值)而赋给一个特定的类。

与不依赖于上下文的技术不同,基于上下文的技术通过结合一致性测度或准则利用了像素与要分割目标之间的联系。按这种方式,基于上下文的方法将具有相似强度且同时互相接近或具有相同梯度值方向的一组像素结合起来。

4.3 阈值化

阈值化技术假设目标由具有一致性强度值的像素结合而成。各个像素与一个预先确定的阈值进行比较,如果像素强度值高则该像素被看作属于某个类别,如果像素强度值低则该像素被看作属于另一个类别。在这样的情况下,分割的质量将依赖于对合适阈值的选取[8]。

在理想情况下,如果反映了图像中两个目标像素分布的直方图不重叠,那么一个特定的阈值能分开这两个目标。图 4.1(a)给出了一幅图像,其中包含两个不同的方形目标:A 和 B。目标 A 包含源自高斯分布强度(均值为 60,标准方差为 10)的像素。目标 B 包含源自高斯分布强度(均值为 190,标准方差为 10)的像素。图 4.1(b)给出了图 4.1(a)中图像的直方图。

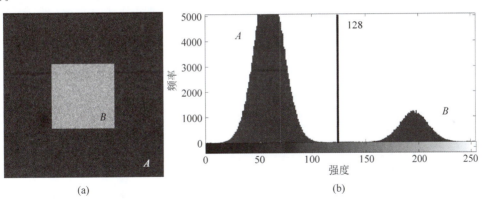

图 4.1 包含两个不同目标的图像中像素的强度分布
(a) 两个目标;(b) 它们在直方图中的分布

由图 4.1 可见,使用阈值 128,可将两个目标清楚地分开。因此,如果一个像素的强度大于 128,该像素属于目标 B;否则该像素属于目标 A。图 4.2 给出这个二值化的结果。

在多数情况下,像素分布不能保证有如图 4.1 所示的清晰区分。相反,分布趋于具有重叠区域。事实上,重复的量级决定了分割的难度,因为范围越大,就越难确定哪个像素属于这一个或那一个分布。图 4.3 给出这种情况的一个例子。

图 4.2 以 128 为阈值,对图 4.1(a)的分割结果

在分布重叠的情况下,不可能确定一个满足正确分割的阈值,因为重叠像素的归属不明朗。为介绍分割中的这种效果,用阈值 150(它大致表达了分布所产生的两个目标之间的一个划分)对图 4.3 中的图像进行二

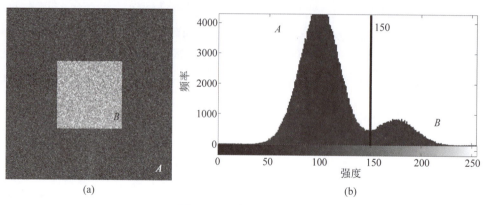

图 4.3 分布重叠的目标

(a) 两个目标；(b) 它们在直方图中的分布

图 4.4 以 150 为阈值，对图 4.3(a) 的分割结果

值化。二值化的结果如图 4.4 所示。在这个结果中，可见若干像素由于存在两个目标间的分布重叠而没能得到正确划分。

分布重叠导致的不确定性是分割结果差的原因。一个消除分布重叠的辅助技术是对原始图像使用中值滤波器作为预处理方法。图 4.5 给出了对图像 4.3(a) 应用中值滤波器以及它对最终直方图的区分效果。在处理中，使用了 3×3 的邻域。

作为应用中值滤波器的结果，分布的重叠被消除了，再通过选择一个恰当的阈值，就可得到完美的图像二值化结果，如图 4.6 所示。

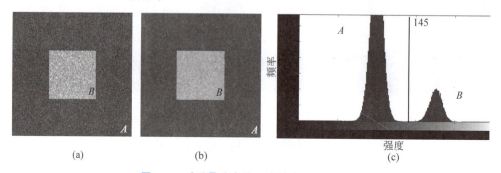

图 4.5 对重叠分布使用中值滤波器的效果

(a) 原始图像；(b) 用中值滤波器得到的图像；(c) 结果分布

图 4.6 以 145 为阈值，对图 4.5(b) 的分割结果

4.4 最优阈值

使用中值滤波器并不总能消除直方图中两个目标之间的重叠。在这种情况下,需要计算一个最优阈值,以产生最小数量的错分类像素(属于目标 A 的像素被分为属于目标 B,或反过来)。此时,最优阈值对应两个分布之间的截断。图 4.7 图示了一个假设分布例子的最优阈值。图 4.7 中,两个目标 A 和 B 的分布有一个重叠区域 T。由图 4.7 可见,交点清楚地表示了为每个由其各自分布表示的类别定义分类限制的最佳位置。

有若干方法可以在两个分布重叠的情况下确定最优阈值。它们的大部分采用迭代操作,根据每个目标的像素是否更接近其各自强度的平均值,而不是相对目标的平均强度值来测试阈值。

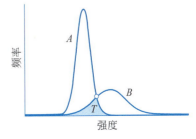

图 4.7 基于两个目标分布重叠的二值化最优阈值

4.5 大津算法

大津算法是计算最优阈值的最常用方法。该方法允许使用图像强度的直方图来二值化两个目标。该方法考虑一幅维数为 $M \times N$、灰度级为 $L-1$ 的图像 I。直方图表示两个分布重叠的区域。第 1 个对应目标 A,其强度值为 $0 \sim k$,而第 2 个目标的强度值为 $k+1 \sim L-1$。图 4.8 给出了强度分布和相关的变量。

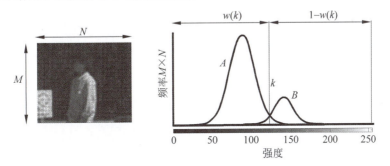

图 4.8 使用大津方法对两个分布的分割

大津算法从计算各个目标或类的概率开始:

$$P(A) = \sum_{i=0}^{k} h(i) = w_A(k) = w(k)$$
$$P(B) = \sum_{i=k+1}^{L-1} h(i) = w_B(k) = 1 - w(k) \quad (4.1)$$

其中,$h(i)$ 表示图像中强度为 i 的像素数量。在这些条件下,每个目标的平均强度可如下计算:

$$\mu_A(k) = \frac{1}{w_A(k)} \sum_{i=0}^{k} i \cdot h(i)$$
$$\mu_B(k) = \frac{1}{w_B(k)} \sum_{i=k+1}^{L-1} i \cdot h(i) \tag{4.2}$$

从这些值可以得到如下目标方差：

$$\sigma_A^2(k) = \frac{1}{w_A(k)} \sum_{i=0}^{k} [i - \mu_A(k)^2 \cdot h(i)]$$
$$\sigma_B^2(k) = \frac{1}{w_B(k)} \sum_{i=k+1}^{L-1} [i - \mu_B(k)^2 \cdot h(i)] \tag{4.3}$$

在这种情况下，类内方差可用这些方差如下定义：

$$\sigma_D^2 = w_A(k) \cdot \sigma_A^2(k) + w_B(k) \cdot \sigma_B^2(k) \tag{4.4}$$

考虑到这个公式，大津算法搜索代表强度级 k 的最优阈值，它应该能最小化类内方差（见式(4.4)）。因此，其目的是确定每个目标的方差以最小化它们分布的重叠。根据前面定义的模型，一个算法需要尝试所有可能的 k 值，并返回使 σ_D^2 的值最小的 k 值。不过，可以设计一个迭代公式来实现快速计算。这需要计算若干项，如总方差和目标间或者类间的方差。

分布的总方差需要计算整个直方图的方差，具体计算如下：

$$\sigma_T^2 = \sum_{i=0}^{L-1} (i - \mu_T)^2 \cdot h(i) \tag{4.5}$$

其中，μ_T 代表表示整个分布的直方图的平均强度：

$$\mu_T = \sum_{i=0}^{L-1} i \cdot h(i) \tag{4.6}$$

最后，类间方差 σ_E^2 可以考虑为总方差 σ_T^2 和类内方差 σ_D^2 的差。因此，σ_E^2 可由下式定义：

$$\begin{aligned}\sigma_E^2 &= \sigma_T^2 - \sigma_D^2 \\ &= w(k) \cdot [\mu_A(k) - \mu_T]^2 - [1 - w(k)] \cdot [\mu_B(k) - \mu_T]^2 \\ &= w(k) \cdot [1 - w(k)] \cdot [\mu_A(k) - \mu_B(k)]^2 \end{aligned} \tag{4.7}$$

因为总方差总是常数且独立于强度级 k，计算最优阈值的效果仅依赖于方差 σ_E^2 和 σ_D^2。因此，最小化类内方差等价于最大化类间方差 σ_E^2。最大化类间方差 σ_E^2 的优点是它可以当 k 迭代时递归计算。在这种情况下，考虑到递归的初始值是 $w(1) = h(1)$ 和 $\mu_A(0) = 0$，递归方程可如下定义：

$$\begin{aligned} w(k+1) &= w(k) + h(k+1) \\ \mu_A(k+1) &= \frac{[w(k) \cdot \mu_A(k) + (k+1) \cdot h(k+1)]}{w(k+1)} \\ \mu_B(k+1) &= \frac{[\mu_T - w(k+1) \cdot \mu_A(k+1)]}{1 - w(k+1)} \end{aligned} \tag{4.8}$$

借用这些表达，可以在强度级 k 逐渐增加时更新 σ_E^2 并测试它是否为最大值。这个简单的优化算法非常合适，因为 σ_E^2 总是平滑的和单峰的。程序4.1是对大津算法的实现。在该程序中，一幅彩色图像先转换为一幅灰度图像。接下来，根据式(4.1)~式(4.8)的步骤实现大津算法。图4.9给出了原始图像和执行程序4.1得到的二值化结果。

程序 4.1 通过大津算法对具有两个重叠类的分布进行二值化

```matlab
%%%%%%%%%%%%%%%%%%%%%%%%%%%%%%%%%%%%%%%%%%%%%%%%%%%%%%%%%%%%%%%%%
% Function to calculate the optimal threshold Otsu method
%%%%%%%%%%%%%%%%%%%%%%%%%%%%%%%%%%%%%%%%%%%%%%%%%%%%%%%%%%%%%%%%%

function ImF = otsu(ImI)
% Convert RGB image to grayscale
IG = rgb2gray (ImI);
% Histogram is calculated
histogramCounts = imhist (IG) ;
% Total pixels in the image
total = sum(histogramCounts);
% Accumulation of variables is initialized
sumA = 0;
wA = 0;
maximum = 0.0;
% The total average of the histogram is calculated
sum1 = dot((0:255),histogramCounts);
% Each intensity level k is tested
for k = 1:256
    % Equation 4.1 P(A)
    wA = wA + histogramCounts(k);
    if (wA == 0)
        continue;
    end
    % Equation 4.2 P(B)
    wB = total - wA;
    if (wB == 0)
        break;
    end
    % Average is calculated for class A
    sumA = sumA + (k-1) * histogramCounts (k);
    mA = sumA / wA;
    % Average is calculated for class B
    mB = (sum1 - sumA) / wB;
    % The variance between classes is calculated Equation 4.7
    VE = wA * wB * (mA - mB) * (mA - mB);
    % It is tested if the maximum has been found
    % If it is found, it is saved in threshold
    if( VE >= maximum )
        threshold = k;
        maximum = VE;
    end
end
ImF = IG >= threshold;
end
```

(a)　　　　　　　　　　　　　　　(b)

图 4.9　执行程序 4.1 得到的使用大津算法进行二值化的结果
(a) 原始图像；(b) 结果图像

4.6　用区域生长分割

区域生长方法是一种基于顺序结合根据相似准则而相关像素的分割方法。

使用这种方法，需要先确定图像中一个像素为起始点。然后，要分析其相邻像素以检验哪些与其相似。如果某个像素相似，就将该像素包括进来作为分割区域的一部分；否则，就不考虑它。

这样一来，区域生长的第 1 步是选择初始像素或种子像素 $s(x,y)$。对它的选择很重要，因为它必须包含在需要分割的区域内。根据选择，围绕 $s(x,y)$ 进行一个局部搜索以确定具有相似特性的像素。相似准则是多样化的，可以包括纹理、颜色等。最常用的是强度。如果相邻像素相似，就将它包括进分割区域；否则就将它注册进一个列表 L，以在其后对其他像素的搜索中再考虑。下面将逐步介绍区域生长的整个计算过程。

4.6.1　初始像素

初始像素或种子像素 $s(x,y)$ 需要选择在希望分割的区域内。但是，如果考虑进一步的信息，如它的位置，则将加速分割过程。选择它的一种简单方法是通过交互手段。此时，该点将直接从图像中选择。为实现这个目的，MATLAB 使用了函数 getpts。该函数具有如下格式：

[y,x] = getpts();

其中，x 和 y 代表利用鼠标交互选择的坐标；注意坐标顺序是反过来的。这是因为信息将插入一个矩阵，首先是行（坐标 y）然后是列（坐标 x）。需要在使用函数 getpts 前使用 imshow 显示图像。这样，由 imshow 提供的当前图形标识符才可以被 getpts 使用。另外需要注意的是，函数 getpts 返回由 imshow 所显示图像中的图形目标的坐标值。因为这个原因，获得的值常为十进制数，这并不适合用来对矩阵元素进行选择。所以，需要进行取整或使用整数型变量。

4.6.2　局部搜索

一旦选择了初始像素 $s(x,y)$，就要围绕它进行一个局部搜索，递归地检验相似像素。

因此，搜索要在由 4 个最接近像素构成的邻域 V 中进行。一旦一个像素在具有相似特性的邻域中被发现，就用它代替种子像素的角色，继续重复地进行局部搜索。

实现 4-元素邻域搜索的最好方法是定义一个数组，其形式为 $V = [-1 \ \ 0; \ \ 1 \ \ 0; \ \ 0 \ -1; 0 \ \ 1]$。每行代表一个特定的邻近元素，而每列指示沿水平方向(Δx)和垂直方向(Δy)的平移。图 4.10 给示了矩阵 V 和邻域之间的对应关系。

在搜索过程中，会出现两个重要的问题：图像外的像素和搜索方向。第 1 个问题主要产生在对图像边界进行搜索时，由于平移搜索到的像素在图像中不存在。这种情况可通过增加一个条件来处理，即当选择的像素处于图像边界时就不去检验了。

第 2 个问题会在当局部搜索中像素沿一定方向平移时出现；不过在相反方向有根据相似测度对应种子像素的区域。在这种情况下，如果在确定的方向上已经到头了，则搜索需要调整方向。为解决这个问题，需要有一个列表 L 以存储没有选择的像素，即记录这些像素的位置和它们的强度。将这个列表用于比较。当在局部搜索中发现一个新像素 p_n，它的强度将与 L 中的元素进行比较。经过比较，有可能发现另一个像素 p_d 与 p_n 相似，这可能暗示在 p_n 附近的具有相似特性的像素已经没有了。在这种情况下，需要改变搜索方向。每一次在局部搜索中发现一个具有相似特性的像素，该像素的信息就被从列表中删除。这个步骤确定了该像素的信息已经是分割区域 R 的一部分。图 4.11 给出了对一幅图像构建列表 L 的过程。从图 4.11 中可见，搜索从种子像素 $s(x,y)$ 开始，沿着用箭头标记的方法进行，直到具有分割特性的像素在相反方向被发现。

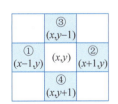

图 4.10 矩阵 V 和邻域之间的对应

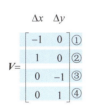

图 4.11 对一幅图像构建列表 L 的过程

为了检验一个像素是否与另一个像素相似，考虑用强度作为相似准则（常用），此时有两个对区域生长重要的参数：最大允许不相似度和分割区域相似度。

最大允许不相似度(M_p)代表两个被认为相似的像素之间最大可能的差别。这个参数是一个配置参数。搜索过程将一直进行到列表 L 中元素与新像素 p_n 的差别高于 M_p。

分割区域相似度(S_{rs})定义要分割区域的平均强度。这个参数使分割更加鲁棒，因为它的值在每次从分割区域 R 中发现一个新像素时都会迭代地更新。参数 S_{rs} 根据如下模型计算：

$$S_{rs}(k+1) = \frac{S_{rs}(k) \cdot |R| + I(p_n)}{|R| + 1} \quad (4.9)$$

其中，$S_{rs}(k+1)$ 的值表示 $S_{rs}(k)$ 的更新值，$|R|$ 对应当前分割区域元素的数量，而 $I(p_n)$ 定义新像素 p_n 的强度。

程序 4.2 给出了实现区域生长分割方法的 MATLAB 代码。图 4.12 显示了原始图像和程序 4.2 操作结果的图像。

程序 4.2 实现区域生长分割方法

```matlab
%%%%%%%%%%%%%%%%%%%%%%%%%%
% Region-growing Segmentation Method
%%%%%%%%%%%%%%%%%%%%%%%%%%

% Clear all memory
clear all
% Store the image in the variable I1
I1 = imread('fotos/bill.jpg');
% Converts to the grayscale
IG = rgb2gray(I1);
% Converts to data type double
I = im2double(IG);
% The image is displayed
imshow(I);
% The initial pixel or seed ps is obtained
[y,x] = getpts();
% The maximum permissible dissimilarity is defined
Mp = 0.25;
% The values obtained from the coordinates are truncated
x = floor(x);
y = floor(y);
% the final image
J = zeros(size(I));
Isizes = size(I); % Dimensions are obtained
% Initial value of the similarity of the segmented region
Srs = I(x,y);
R = 1; % Number of pixels in the region
% Memory is reserved for operation
neg_free = 10000; neg_pos = 0;
L = zeros(neg_free,3); % List length
% Initial similarity
pixdist = 0;
% Neighbors for local search
V = [-1 0; 1 0; 0 -1; 0 1];
% Start the process of the method
while(pixdist < Mp&&R < numel(I))
    % Local search
    for j = 1:4
        % Calculate the new position
        xn = x + V(j,1); yn = y + V(j,2);
        % It checks if the pixel is inside the image
 ins = (xn >= 1)&&(yn >= 1)&&(xn <= Isizes(1))&&(yn <= Isizes(2));
        % It checks if the pixel is already in the list L
        if(ins&&(J(xn,yn) == 0))
                neg_pos = neg_pos + 1;
            L(neg_pos,:) = [xn yn I(xn,yn)]; J(xn,yn) = 1;
        end
    end

    % If more memory is needed, add
    if(neg_pos + 10 > neg_free), neg_free = neg_free + 10000;
```

```
L((neg_pos + 1):neg_free,:) = 0;
    end
    % The similarity of the pixel with the list is checked
    dist = abs(L(1:neg_pos,3) - Srs);
    [pixdist, index] = min(dist);
    J(x,y) = 2; R = R + 1;

    % Calculate the new similarity of the segmented region
    Srs = (Srs * R + L(index,3))/(R + 1);

    % The found pixel is the new pixel
    x = L(index,1); y = L(index,2);

    % Your features are removed from the list
    L(index,:) = L(neg_pos,:); neg_pos = neg_pos - 1;
end
% It is recorded as part of the segmented region R
J = J > 1;
figure
imshow(J)
```

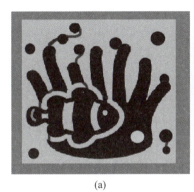
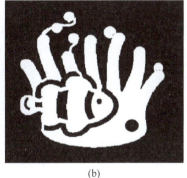

(a)　　　　　　　　　　　　　(b)

图 4.12　执行程序 4.2 得到的区域生长分割结果

(a) 原始图像；(b) 结果图像

4.7　二值图中的目标标记

目标标记是一种传统的图像处理技术，在文献和视觉社区被称为"区域标记"。一幅二值图是仅包含两类元素的数字表达：1(代表特定的目标)和 0(对应背景)。图 4.13 是一幅包含不同目标的数字图像。在区域标记时，目的是识别图像中所包含二值目标的数量。算法主要包括两个步骤：暂时标记目标；求解属于同一目标的多个像素标记。算法相对复杂(特别是步骤2)。不过，由于其适当的存储要求，它是目标标记的很好选择。完整的算法描述见算法 4.1。

图 4.13　二值图像

算法 4.1 标记算法

```
目标标记(I_b(x,y))
I_b(x,y):二值图像 1→目标,0→背景,维数 M×N
1.   步骤1:赋值初始标记。
2.   将要赋值的下一个标记初始化为 m = 2。
3.   生成一个空集 C 以记录冲突。
4.   for y = 1,2,…,M do
5.       for x = 1,2,…,N do。
6.           if[ I(x,y) = 1] then
7.               if[所有邻域像素 = 0]then
8.                   I(x,y) = 1
9.                   m = m + 1
10.              else if 只有一个邻域像素已经有了标记 n_k then
11.                  I(x,y) = n_k
12.              else if 若干邻域像素已经有了标记 n_j then
13.                  选择一些标记,使 I(x,y) = k   k∈n_j
14.          for  所有其他具有标记 n_j≥1 且 n_j≠k 的邻域像素 do
15.              在集合 C 中记录冲突对{n_j,k},满足 C = C∪{n_j,k}
16.  步骤2:解决冲突
17.  令 E = {2,3,…,m}是预赋标记的集合。
18.  对 E 进行划分,用矢量集合表示,每个标记一个集合:R = [R_2,R_3,…,R_m],对所有 i∈E。
19.  for  所有冲突 a,b∈E do
20.      在 R 中找出包含标记 a 和 b 的集合 R_a 和 R_b。
21.      R_a→当前包含标记 a 的集合。
         R_b→当前包含标记 b 的集合。
22.      if R_a ≠ R_b then
             结合集合 R_a 和 R_b:R_a = R_a∪R_b
23.      R_b = { }
24.  步骤3:重新标记图像
25.  扫描图像的所有像素
26.  if I(x,y)>1 then
27.      在包含标记 I(x,y)的 R 中找出 R_i
         从集合 R_i 中选出一个唯一的和有代表性的元素 k(如最小值)。
28.      用当前像素替换标记,I(x,y) = k。
29.  返回已标记 I(x,y)的值。
```

4.7.1 暂时标记目标(步骤 1)

在步骤1,从左到右和从上到下地分析图像。在每个时刻,给每个像素(x,y)赋一个暂时的标记。标记的值依赖于所定义的邻域类型,可以是 4-邻域或 8-邻域。对各种情况,所用的模板可定义如下:

$$N_4(x,y) = \begin{bmatrix} \cdot & N_2 & \cdot \\ N_1 & \times & \cdot \\ \cdot & \cdot & \cdot \end{bmatrix}, \quad N_8(x,y) = \begin{bmatrix} N_2 & N_3 & N_4 \\ N_1 & \times & \cdot \\ \cdot & \cdot & \cdot \end{bmatrix} \quad (4.10)$$

其中,×指示当前位置(x,y)的像素。在 4-邻域情况下,仅考虑像素 $N_1=I(x-1,y)$ 和像素 $N_2=I(x,y-1)$,而在 8-邻域情况下,要考虑像素 N_1、N_2、N_3、N_4。图 4.14 给出了对图像执行步骤 1 的完整过程(这里考虑了 8-邻域的情况)。

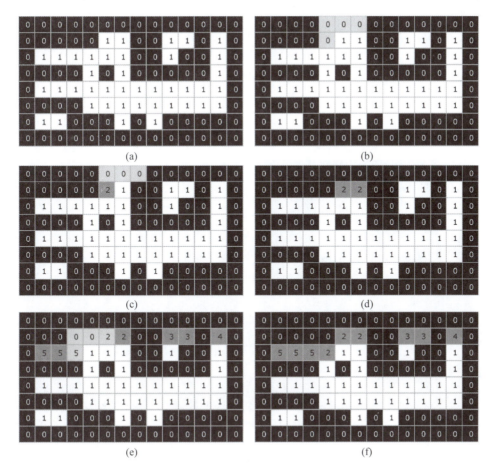

图 4.14 标记过程的传播

(a) 原始图像；(b) 发现了第 1 个为 1 的像素，它的所有相邻像素都为 0；(c) 像素标记为 2；
(d) 下一次迭代中一个相邻像素具有标记 2，所以当前像素将此值作为其标记；
(e) 两个相邻像素具有标记 2 和 5，其中之一假设为当前像素的标记，所产生的冲突记为 2 及 5

4.7.2 标记的传播

考虑目标在给定位置的像素值是 $I(x,y)=1$，而对给定的背景位置，它是 $I(x,y)=0$。另外，还假设在图像外的像素为 0 或属于背景。先考虑水平相邻区域，然后考虑垂直相邻区域。定义左上角为起始点。在这个过程中，如果当前像素 $I(x,y)$ 值为 1，那么赋给它一个新标记；如果它的邻域 $N(x,y)$ 已经为 1，则将已存在的标记赋给它。因此，选择邻域的类别(4-邻域或 8-邻域)来确定标记对最终结果非常关键。标记传播的过程可见图 4.14。

4.7.3 相邻标记

如果两个或多个相邻像素包含不同的标记，那么就出现了一个冲突；即需要组合在一起以构成相同目标的像素具有了不同的标记。例如，具有形状"U"的目标将有可能对其左右两边赋予不同的标记；这是因为在沿图像平移模板的过程中，不可能辨识目标在下部(是否)是连接的。

当两个不同的标记出现在同一个目标上时(如前述情况),标记冲突发生。冲突没有直接在步骤 1 处理而是记录在步骤 2 的进一步处理中。出现冲突的数量依赖于图像的内容,并只能在步骤 1 完成后才知道。

步骤 1 的结果只给出了像素暂时标记的图像,以及一个冲突(像素属于相同目标)的列表。图 4.15(a)给出了一幅图像在步骤 1 后的结果,所有像素都有一个暂时的标记,而冲突已被注册且用圆标注,即对应的 2,4;2,5;2,6。这样,有标记 $E=\{2,3,4,5,6,7\}$ 和冲突 $C=\{2,4;2,5;2,6\}$,它们对应如图 4.15(b)所示无向图的结点。

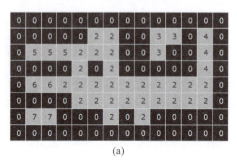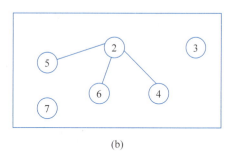

图 4.15　标记过程步骤 1 的结果
(a) 标记结果;(b) 冲突对应图的结点

4.7.4　解决冲突(步骤 2)

步骤 2 的工作是解决步骤 1 中记录的冲突。这个处理不简单,因为暂时属于两个不同目标的两个不同标记可以通过第三个目标连接。这个工作与发现一个图的连通组元的工作相同,后者中步骤 1 计算的标记 E 代表图的结点,而 C 代表它们的连接(见图 4.15)。

考虑到属于相同目标的不同标记后,目标中每个像素的标记值被用一个对应它们中间值最小的通用标记替换(见图 4.16)。

图 4.16　目标标记过程步骤 2 的结果(目标中所有暂时赋予的标记被其中包含的最小数字标记替换)

本节描述了通过标记识别二值图中目标数量的算法。该算法背后的想法是给图中每个目标一个标记以使它能够被容易地辨识。

4.7.5　用 MATLAB 实现目标标记算法

本节解释如何实现算法 4.1 中的目标标记程序。程序 4.3 用 MATLAB 实现了算法的两个步骤。在步骤1,从左到右和从上到下的处理图像。通常在这个过程中,一个暂时的标记赋给图像中的每个像素,根据它还没有、已有一个或有多个标记的相邻像素。在步骤2,通过考虑属于有冲突邻域的像素来解决注册的冲突。这个过程通过两个嵌套的、允许图像中各个像素交换它们的标记的 for 循环来实现。用于交换标记的 for 循环由值最小(与要交换的其他值相比)的标记所确定。一旦获得了标记的绝对数量,将其用于 for 循环以程序赋值使标记连续就是很简单的。为实现这个过程,可使用函数 unique。函数 unique 返回数组中包含唯一值的序列。唯一是指不管该值在数组中重复多少次,它只出现在函数 unique 中一次。它的通用语法为

```
b = unique(A);
```

其中,A 是要对其中的唯一值进行调查的矩阵,b 是包含在矩阵中但没有重复值的矢量。因此,这里用于实现的 b 值将包含执行冲突求解后所留下来的标记。

图 4.17 所示为对一系列二值图中所包含目标进行标记的过程。这些结果是执行 MATLAB 程序 4.3 而得到的。

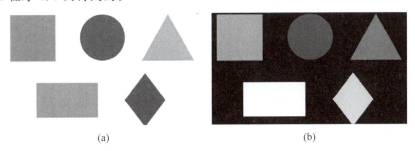

图 4.17 执行 MATLAB 程序 4.3 得到的对目标的标记
(a) 标记结果;(b) 标记的图像

程序 4.3 标记二值图中目标的程序。该程序是对算法 4.1 的实现

```
%%%%%%%%%%%%%%%%%%%%%%%%%%%%%%%%
% Program to label the objects in a Binary image
%%%%%%%%%%%%%%%%%%%%%%%%%%%%%%%%
clear all
close all
I = imread('fotos/figuras.jpg');
I = rgb2gray(I);
Ib = imbinarize(I);
Ib = 1 - Ib;
figure; imshow(Ib);
% The dimensions of the binary image are obtained
% where 0 is the background and 1 the objects
[m n] = size(Ib);
% The binary image is converted to a double,
% so it can contain values greater than 1.
Ibd = double(Ib);
% STEP 1. Initial labels are assigned
% Variables for labels e and
% for collisions k are initialized
e = 2;
k = 1;
```

```matlab
    % Scroll the image from left to right
    % and top to bottom
for r = 2:m - 1
    for c = 2:n - 1
        % If the neighboring pixels are zero, a label is assigned
        % and the number of labels is increased.
            if(Ibd (r,c) == 1)
             if((Ibd(r,c - 1) == 0) &&(Ibd(r - 1,c) == 0))
                 Ibd(r,c) = e;
                 e = e + 1;
             end
        % If one of the neighboring pixels has a tag assigned,
        % this tag is assigned to the current pixel.

if(((Ibd(r,c - 1)> 1) &&(Ibd(r - 1,c)< 2))||(((Ibd(r,c - 1)< 2) &&(Ibd (r - 1,c)> 1)))
            if(Ibd (r,c - 1)> 1)
                Ibd(r,c) = Ibd(r,c - 1);
            end
        if(Ibd(r - 1,c)> 1)
                Ibd(r,c) = Ibd(r - 1,c);
        end
    end
        % If several of the neighboring pixels have an assigned label,
            % one of them is assigned to this pixel.
            if((Ibd(r, c - 1)> 1) &&(Ibd(r - 1,c)> 1))
                Ibd(r, c) = Ibd(r - 1,c);
                % Unused tags are recorded as collision
                if((Ibd(r,c - 1)) - = (Ibd(r - 1,c)))
                ec1(k) = Ibd(r - 1,c);
                ec2(k) = Ibd(r,c - 1);
                k = k + 1;
                end
            end
          end
        end
    end
end

% STEP 2. Collisions are resolved
for ind = 1:k - 1
    % The smallest label of those participating in the
    % collision is detected.
    % The group of pixels belonging
    % to the smaller label absorb those of the larger label.
    if(ec1(ind)< = ec2(ind))
    for r = 1:m
        for c = 1:n
            if (Ibd(r,c) == ec2(ind))
                Ibd(r,c) = ec1(ind);
            end
        end
    end
    end
    if (ec1 (ind)> ec2 (ind))
```

```
            for r = 1:m
                for c = 1:n
                    if (Ibd(r,c) == ec1(ind))
                        Ibd(r,c) = ec2(ind);
                    end
                end
            end
        end
    end
% The unique function returns the values of the array (Ibd),
% unique, that is, they are not repeated, so they will be delivered
% only those values that remained when solving the
% collision problem.
w = unique(Ibd);
t = length(w);

% STEP 3. Re - labeling the image
% Pixels with the minimum values are relabeled.
 for r = 1:m
        for c = 1:n
         for ix = 2:t
                if (Ibd(r,c) == w(ix))
                    Ibd(r,c) = ix - 1;
                end
            end
        end
    ena
% Prepare data for deployment
E = mat2gray(Ibd);
imshowpair(I,E,'montage');
```

4.8 二值图中的目标边界

一旦二值图中的目标被标记了,下一步将是提取各个目标的轮廓或边界。这个过程看起来(至少凭直观)很简单,它意味获取目标边界上的像素。但是,将在本节看到,该算法的公式需要一系列元素以最终实现轮廓有组织的描述。确定二值目标的轮廓是图像分析中最常见的工作。

4.8.1 外轮廓和内轮廓

在下册第1章关于形态学的操作中可以看到,可以使用不同的形态学操作来提取二值区域的边界。不过本节讨论的问题源自一个更具前瞻性的视角,因为这里的想法不仅是确定二值目标的轮廓,而且要按顺序对其进行排序,以便以后用于确定不同的属性。一个目标仅能代表一个由属于该目标的像素刻画的外轮廓,而其他像素与图像的背景相接触。另外,目标还可以有不同的内轮廓。这种类型的伪影常会由于差/不良的分割过程所导致的、在主要目标上有孔的情况而出现(见图4.18)。

另一个导致轮廓识别过程(见图 4.19)特别复杂的问题在目标变得比一个像素还要小、之后增加尺寸时出现。这个复杂问题使得处理轮廓很困难,因为有些像素被沿不同方向处理了两次。因此,设置一个轮廓识别的起始点是不够的。还需要在执行过程中定义一个方向。

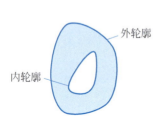

图 4.18　具有外轮廓和内轮廓的二值目标

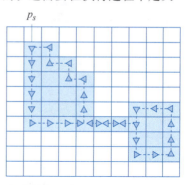

图 4.19　轮廓的轨迹表达成一个有序的像素序列,起始点为 p_s,像素可以在通路上出现不止一次

下面将介绍一个结合算法,它与传统算法不同,它结合了对二值图中目标的标记以及轮廓的识别。

4.8.2　轮廓识别和目标标记的结合

这个方法将目标标记的概念与轮廓识别的过程相结合。目的是将两个操作结合而一次执行。按这种方式,需要识别并标记外轮廓和内轮廓。这个算法不需要复杂的数据结构来实现,且与其他相似方法相比非常有效。

该算法的主要思想很简单,考虑如下的处理步骤(见图 4.20):

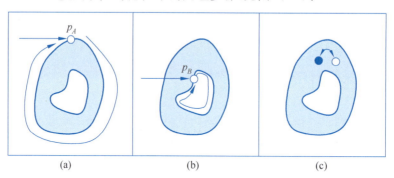

图 4.20　轮廓识别与目标标记的结合
(a) 从背景到目标的过渡发生的情况,像素是外轮廓的一部分;
(b) 从目标到背景过渡的发生的情况,像素是内轮廓的一部分;
(c) 目标的一个像素,它不是轮廓,并采用其左侧相邻像素的标记

在目标标记过程中,二值图 $I_b(x,y)$ 被从左到右和从上到下处理。这可保证所有像素都考虑到。

考虑下列处理图像时会出现的情况:

情况 1。如图 4.20(a)所示,从背景到像素 p_A 的过渡,p_A 的值是 1 且当前保持未被标记。在这种情况下,它表示像素 p_A 是目标外轮廓的一部分。因此,对它赋一个新标记,继续处理轮廓，标记属于它的各个像素。另外，对与目标相接触的背景像素都赋值-1。

情况 2。如图 4.20(b)所示，从属于目标的像素 p_B 到背景像素的过渡。当这种情况发生时，它表示像素 p_B 属于内轮廓。因此，处理轮廓，标记像素。如同前述情况，将对与目标相接触的背景像素都赋值-1。

情况 3。如图 4.20(c)所示，当一个目标像素不是轮廓的一部分，该像素被用它左边相邻像素的标记值来标记。

算法 4.2～算法 4.4 描述了结合轮廓识别和标记处理的完整过程。函数 **LabelOutllineCombination** 逐行扫描图像，当扫到一个属于外轮廓或内轮廓的像素时调用函数 **OutlineTrace**。通过调用函数 **NextNode** 将沿轮廓像素以及周围背景像素的标记注册进结构"标记图"ME 中。

算法 4.2 结合轮廓识别和标记处理的算法

LabelOutlineCombination 生成二值图像 $I_b(x, y)$，即一个轮廓集合。

```
LabelOutlineCombination I_b(x,y)
I_b(x,y)，二值图像
ME，标记图
K，轮廓对象
EA，当前标记

1:    生成一组空轮廓 C = {}
2:    生成一个与 I_b(x,y)相同尺寸的 ME 标记图
3:    for 所有像素(x,y) do
4:       ME(x,y) = 0
5:       K = 0
6:    将图像从左向右,从上向下处理
7:    for y = 1,...,M do
8:       EA = 0
9:          for x = 1,...,N do
10:            if (I_b(x,y) = 1) then
11:             if (EA≠0) then
12:    ME(x,y) = EA
13:    else
14:    EA = ME(x,y)
15:      if (EA = 0) then
16:    K = K + 1
17:    EA = K
18:    p_s = (x,y)
19:    C_ext = OutlineTrace(p_s,0,EA,I_b(x,y),ME(x,y))
20:    C = C∪{C_ext}
21:    ME(x,y) = EA
22:    else
23:     if (L≠1) then
24:    if (ME = 0) then
25:    p_s = (x-1,y)
26:    C_int = OutlineTrace(p_s,0,EA,I_b(x,y),ME(x,y))
27:    C = C∪{C_int{}}
28:    L = 0
       Returns(C,ME)
```

算法 4.3 算法中跟踪轮廓的函数

函数对轮廓进行处理,从起始点 p_s 开始,沿方向 $d=0$(外轮廓)或沿方向 $d=1$(内轮廓),对轮廓点进行注册。

```
OutlineTrace p_s, d, L, I_b(x, y), ME(x, y)
    I_b(x,y),二值图像
    d,搜索方向
    ME,标记图
    p_s,轮廓分析的开始位置
    L,标记轮廓
    p_T,新的轮廓点
1:  生成一个空轮廓 C
2:  (x_T, d) = NextNode(p_s, d, I_b(x,y), ME(x,y))
3:  Include p_T to C
4:  p_p = p_s
5:  p_c = p_T
6:  p_s = p_T
7:  while(not(p_s = p_T))do
8:      ME(x, y) = L
9:      (p_n, d) = NextNode(p_c, (d+6) mod 8, I_b(x,y), ME(x,y))
10:     p_p = p_c
11:     p_c = p_n
12:     temp = (p_p = p_s ^ p_c = p_T)
13:     if(not(temp))then
14:         Include p_n to C
15:  Returns C
```

算法 4.4 算法中确定下一个点的函数

函数确定 OutlineTrace 函数处理得到的对应轮廓的下一个点,该处理依赖于沿 $d=0$(外轮廓)或沿 $d=1$(内轮廓)的方向 p'。

```
NextNode p_c, d, L, I_b(x, y), ME(x, y)
    p_c, original position
    d, search direction
    I_b(x,y) binary image
    ME, label map
    p' = (x', y')
1:  for i = 0,..., 6 do
2:      p' = p_c + DELTA(d)
3:      if I_b(x', y') = 0 then
4:          ME(x', y') = -1
5:          d = (d+1) mod 8
6:      else
7:          Return(p', d)
8:  Return(p_c, d)
```

DELTA(d) = ($\Delta x, \Delta y$) where

d	0	1	2	3	4	5	6	7
Δx	1	1	0	−1	−1	−1	0	1
Δy	0	1	1	1	0	−1	−1	−1

4.8.3　MATLAB 实现

本小节解释如何实现算法 4.2 中结合轮廓识别和目标标记的程序。

首先，在处理二值图时，算法考虑消除图像外的像素。这将使处理简便，因为在执行算法时不需考虑在外面的像素。因此，对 $M \times N$ 图像的处理仅考虑 $2 \sim M-1$ 的行和 $2 \sim N-1$ 的列。

算法实现见程序 4.4。它调用了两个函数：OutlineTrace（见程序 4.5）和 NextNode（见程序 4.6）。

函数 OutlineTrace 允许从一个参考点 p_s 出发处理外轮廓和内轮廓。为此，调用函数 NextNode。该函数可以从一个参考点 p_s 出发确定轮廓轨迹的下一个点 p。如果下一个点不存在，有可能这是一个孤立的点，函数返回与调用函数时相同的 p_s 点作为响应。因此，如果它是一个孤立的点，那么函数 OutlineTrace 马上结束；如果不是这种情况，则连续调用函数 NextNode，直到轮廓被处理完。

程序 4.4　用 MATLAB 实现结合轮廓识别和目标标记的程序

```
%%%%%%%%%%%%%%%%%%%%%%%%%%%%%%%%%%%%%%%%%%%%%%%%%%%%
% Program that implements the combination of the
% Identification of contours and labeling of objects using
% 8 - neighbor neighborhood
%%%%%%%%%%%%%%%%%%%%%%%%%%%%%%%%%%%%%%%%%%%%%%%%%%%%

% The binary image is defined as global
% and the label array, such that
% both arrays are accessible and modifiable
% from this program and by functions
% OutlineTrace and NextNode.
global Ib;
global ME;
% Find the size of the binary image
[m n] = size(Ib);
% Consider the matrix of labels with a
% dimension smaller than the original
ME = zeros(m - 1, n - 1);
% The contour counter is set to its initial value
cont = 1;
% The object counter is set to zero
R = 0;
% An image is initialized with zeros that will contain
% the contour objects
C = zeros (m,n);
% The image is processed from left to right and from top to down

for r = 2:m - 1
    % The label is initialized to zero
    Lc = 0;
    for c = 2:n - 1
    % If the pixel is one
        if(Ib (r, c) == 1)
    % If the label is the same, it is used to label
```

```matlab
        % neighboring pixels
            if (Lc ~= 0)
                ME (r,c) = Lc;
            else
                Lc = ME (r,c);
        % If there is no label, then it is an outer contour
        % so the OutlineTrace function is used
        if (Lc == 0)
        % A new object is defined
        R = R + 1;
        % The label is reassigned to the object number
        Lc = R;
        % The starting point of the contour is defined
        ps = [r c];
        % call the OutlineTrace function for its processing
        D = OutlineTrace (ps, 0, Lc);
        D = im2bw(D);
        % Contours are stored in array Co
        Co(:, :, cont) = D;
        % The final contours are stored in C
        C = D|C;
         cont = cont + 1;
        ME (r, c) = Lc
                end
            end             else
                if(Lc ~= 0)
        % If label already exists, then it is an inner contour
        % Then, it is called the function OutlineTrace for its processing
            if (ME (r, c) == 0)
          % The starting point of the contour is defined
                ps = [r  c - 1];
        % it is called the function OutlineTrace for its processing
                D = OutlineTrace(ps, 1, Lc);
                D = im2bw (D);
        % Contours are stored in array Co
                Co(:, :, cont) = D;
                C = D|C;
                cont = cont + 1;
                 end
        % Lc is assigned a non - label definition
                    Lc = 0;
                end
            end
    end
end

% The label array is reconverted to remove the - 1 values
% These values were assigned by the function NextNode.
[m1 n1] = size(ME);
for r = 1:m1
    for c = 1:n1
        if (ME (r,c)< 0)
            ME (r,c) = 0;
        end
    end
end
```

程序 4.5 用 MATLAB 实现函数 outlinetrace 的程序,用于处理二值图像所包含目标的外轮廓和内轮廓。该函数被程序 4.4 中描述的算法所调用

```
%%%%%%%%%%%%%%%%%%%%%%%%%%%%%%%%%%%%%%%%%%%%%%%%%%
% Function used to process and describe the contour
% Either outer or inner of an object. The function OutlineTrace
% Accessed by program shown in 4.4.
%%%%%%%%%%%%%%%%%%%%%%%%%%%%%%%%%%%%%%%%%%%%%%%%%%
function M = OutlineTrace(ps,d,L)
% The binary image is defined as global
% And the label array, such that
% Both arrays are accessible and modifiable
% From this program and by functions
% OutlineTrace, and NextNode.
global Ib;
global ME;
% Find the size of the binary image
[m1 n1] = size(Ib);
% The matrix M is filled with zeros for storing contours
M = zeros(m1,n1);
% The NextNode function is called,
% Which locates the next pixel in the contour path
[p d] = NextNode(ps,d);
% The point returned by NextNode is put into the matrix M
% Because it is part of the contour
M(p(1),p(2)) = 1;
% The current point xc and the previous point xp are defined.
xp = ps;
xc = p;
% If both points are equal, it is an isolated pixel
f = (ps == p);
% The entire contour is traversed until the current point is equal
% to the previous one, which means that the contour has been
% processed completely.
while( ~ (f(1) &&f(2)))
    ME (xc (1),xc(2)) = L;
    [pn d] = NextNode(xc,mod(d + 6,8));
    xp = xc;
    xc = pn;
    f = ((xp == ps) & (xc == p));
    if( ~ (f(1) &&f(2)))
        M(pn(1),pn(2)) = 1;
    end
end
```

程序 4.6 实现函数 nextnode 的程序,用于发现被函数 outlinetrace 处理的轮廓的下一个点

```
%%%%%%%%%%%%%%%%%%%%%%%%%%%%%%%%%%%%%%%%%%%%%%%%%%
% Function used to find the next contour point
% for an outer or inner object
% The call to the function is made by OutlineTrace
```

```matlab
%%%%%%%%%%%%%%%%%%%%%%%%%%%%%%%%%%%%%%%%%%%%%%%%%%%%%%%
function [p dir] = NextNode(ps,d1)
% The binary image is defined as global
% And the label array, such that
% Both arrays are accessible and modifiable
% From this program and by functions
% OutlineTrace and NextNode.
global Ib;
global ME;
flag = 0;
d = d1;
% The search direction of the following pixel is defined
for j = 0:1:6

    if (d == 0)
        p(1) = ps(1);
        p(2) = ps(2) + 1;
    end
    if (d == 1)
        p(1) = ps(1) + 1;
        p(2) = ps(2) + 1;
    end
    if (d == 2)
        p(1) = ps(1) + 1;
        p(2) = ps(2);
    end
    if (d == 3)
        p(1) = ps(1) + 1;
        p(2) = ps(2) - 1;
    end
    if (d == 4)
        p(1) = ps(1);
        p(2) = ps(2) - 1
    end
    if (d == 5)
        p(1) = ps(1) - 1;
        p(2) = ps(2) - 1;
    end
    if (d == 6)
        p(1) = ps(1) - 1;
        p(2) = ps(2);
    end
    if (d == 7)
        p(1) = ps(1) - 1;
        p(2) = ps(2) + 1;
    end
    % If the pixel found is part of the background,
    % it is marked with -1 to avoid revisiting it.
    if (Ib(p(1),p(2)) == 0)
        ME(p(1),p(2)) = -1;
        d = mod(d + 1,8);
    else
        flag = 1;
```

```
            break
        end
    end
    dir = d;
    if (flag == 0)
        p(1) = ps(1) ;
        p(2) = ps(2);
        dir = dl;
    end
```

函数 OutlineTrace 在这个过程中定义了 p_p 和 p_c，它们分别对应先前位置和当前位置。因此，当 $p_p = p_c$ 时，说明处理过程完成了对轮廓的一个循环（所有元素都分析过了），过程结束。

函数 NextNode 从当前点 p_c 出发，确定轮廓的下一个点。为此，需要指定初始的搜索方向（d）。沿这个方向出发，函数顺时针沿 7 个不同的方向搜索下一个轮廓像素。这些方向定义在算法 4.4 最后部分的表中。在这个过程中，如果发现了一个值为 0 的像素，则在标记图 $ME(x,y)$ 中将值 -1 赋予它。借助这个操作，可以避免在搜索过程中再次扫描它。

检测出的轮廓存储在一个多维数组 Co(:,:,NCo) 中，其中，第 1 个参数定义任意尺寸（与正在处理的二值图一致）的包含轮廓的图像，NCo 指示轮廓的数量（见图 4.21）。

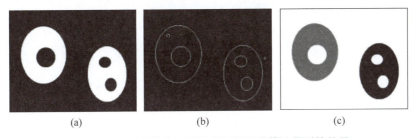

图 4.21 由结合轮廓识别和目标标记的算法得到的结果
(a) 原始图像；(b) 识别的轮廓；(c) 标记的目标

4.9 二值目标的表达

表达图像最自然的方式是使用矩阵，每个强度或颜色的元素对应矩阵中的一个位置。使用这种表达，大多数程序语言可以方便和很好地操纵图像。这种表达的一个可能缺点是没有考虑图像的结构。即它不能区别图像中的一组直线或复杂场景，所以它使用的存储器数量只依赖于它的维数而与内容无关。

二值目标可以表达成一个逻辑掩膜，目标中的值为 1 而目标外的值为 0（见图 4.22）。因为一个逻辑值只需要一个比特表达，这样一个数组形式称为比特图。

4.9.1 长度编码

在长度编码中，像素组合进一个块并用其所在图像中的块来描述。因此，一个块是一系列值为 1 的像素，它们分布在一行或一列上。为紧凑地表达这些块，可以使用矢量：

$$块 = [行, 列, 长度] \tag{4.11}$$

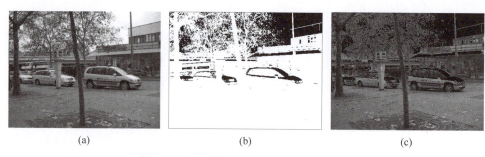

图 4.22 用二值图像作为掩膜来指定区域

(a) 原始图像；(b) 二值掩膜；(c) 掩膜图像

图 4.23 显示了一幅图像及在长度编码下的表达。这种类型的表达形式简单、计算速度快，甚至还被 TIFF 和 GIF 格式用在压缩方法中。

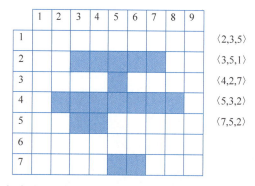

图 4.23 长度编码示例，这种编码方法将值为 1 的像素按行集合起来

4.9.2 链码

图像中的目标表达不仅可以借助它们的区域(如长度编码中的情况)，还可以借助它们的轮廓。这类表达的传统形式称为链码或弗里曼码。使用这种方法，轮廓表达成从一个参考点 p_s 出发的一系列数，这些数表达了沿轮廓的位置变化(见图 4.24)。因此，对一个由序列点 $B=(\boldsymbol{x}_1,\boldsymbol{x}_2,\cdots,\boldsymbol{x}_M)$ 定义的封闭轮廓，对应的链码是序列 $C_C=(c_1,c_2,\cdots,c_M)$，其中，

$$c_i = \mathrm{code}(\Delta x_i, \Delta y_i)$$

$$(\Delta x_i, \Delta y_i) = \begin{cases} (x_{i+1}-x_i, y_{i+1}-y_i), & 0 \leqslant i < M \\ (x_1-x_i, y_1-y_i), & i = M \end{cases} \quad (4.12)$$

$\mathrm{code}(\Delta x_i, \Delta y_i)$ 可根据表 4.1 中的数据计算。

表 4.1 计算 $\mathrm{code}(\Delta x_i, \Delta y_i)$ 的值

Δx_i	1	1	0	-1	-1	-1	0	1
Δy_i	0	1	1	1	0	-1	-1	-1
$\mathrm{code}(\Delta x_i, \Delta y_i)$	0	1	2	3	4	5	6	7

根据定义链码是紧凑的，因为它们仅需指定一个参考点 p_s 的绝对坐标。此外，它将一个点和另一个点位置之间的变化用仅有 8 个可能值的参数来指定，这样只需要 3 个比特来对链码的系数编码。

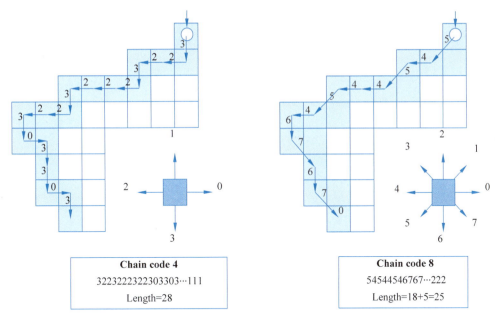

图 4.24 基于(a)4-邻域和(b)8-邻域的链码(为计算链码,需要从起始点或参考点 p_s 出发处理轮廓,属于轮廓的相邻像素的相对位置确定了编码的方向值)

4.9.3 差分链码

使用链码表达不可能比较两个不同的目标。原因有二:首先,描述依赖于起始点 p_s;其次,旋转 90°会完全改变轮廓的描述。解决这个问题的一个方法是使用差分链码。在这种方法中,不是表达像素在轮廓中的方向,而是表达像素沿轮廓方向的改变。因此,对一个用序列 $C_C = (c_1, c_2, \cdots, c_M)$ 表示的链码,它的差分链码 $C_D = (c'_1, c'_2, \cdots, c'_M)$ 可通过将每个参数 c_i 进行如下计算而得到:

$$c'_i = \begin{cases} (c_{i+1} - c_i) \bmod 8, & 0 \leqslant i < M \\ (c_1 - x_i) \bmod 8, & i = M \end{cases} \quad (4.13)$$

确定式(4.13)定义的各个参数 c'_i 时考虑了 8-邻域准则。这样,元素 c'_i 描述了属于轮廓的像素 c_i 和像素 c_{i+1} 之间方向的变化。考虑到这一点,与图 4.24(b)中的链码表达对应的差分链码表达定义如下:

$$\begin{aligned} C_C &= (5,4,5,4,4,5,4,6,7,6,7,\cdots,2,2,2) \\ C_D &= (7,1,7,0,1,7,2,1,7,1,1,\cdots,0,0,3) \end{aligned} \quad (4.14)$$

为重建由 C_C 定义的轮廓,需要知道起始点 p_s 和初始方向 d;而要由 C_C 得到 C_D,不需要其他信息。

4.9.4 形状数

如果旋转轮廓,那么差分链码可以保持不变。但它依赖于生成码的起始点。如果要比较两个不同的差分链码 C_D^1 和 C_D^2,就需要设定一个共同的起始点并进行比较。一个更可靠的替换方法是考虑从 C_D 序列计算出来的单个值 $\text{Val}(C_D)$,其中,C_D 系数集合与一个定义

作为参考的邻域 B 相乘。这可建模为

$$\text{Val}(C_D) = c_1 \cdot B^0 + c_2 \cdot B^1 + \cdots + c_M \cdot B^{M-1}$$

$$\text{Val}(C_D) = \sum_{i=1}^{M} c_i \cdot B^{i-1} \tag{4.15}$$

在这种条件下，可以平移 C_D 序列直到确定元素 k 使 $\text{Val}(C_D)$ 的值最大。即

$$\text{Val}(C_D \to k) = \max, \quad 0 \leqslant k < M \tag{4.16}$$

$C_D \to k$ 定义了一个将 C_D 序列向右循环平移到位置 k 的操作。这个过程可以用下列示例说明：

$$\begin{aligned} C_D &= (1,2,1,3,5,7,\cdots,2,6,5) \\ C_D &\to 2 = (6,5,1,2,1,3,5,7,\cdots,2) \end{aligned} \tag{4.17}$$

这些 $\text{Val}(C_D \to k) = \max$ 的值可看作归一化的序列且独立于起始点或参考点。因此，它们可用作链序列之间的比较。由式(4.16)可见，一个问题是计算这些值会得到非常大的值。码比较不是一个可靠的方法，因为轮廓的旋转、放缩或变形有可能给出错误的结论。

4.9.5 傅里叶描述符

傅里叶描述符是一种描述轮廓的简洁方式。考虑描述目标轮廓的一个点集合（$\boldsymbol{x}_1$, $\boldsymbol{x}_2, \cdots, \boldsymbol{x}_M$），其中 $\boldsymbol{x}_i = (x_i, y_i)$，可以将点集合看作一个复数序列（$z_1, z_2, \cdots, z_M$），其中，

$$z_i = x_i + \mathrm{j} y_i \tag{4.18}$$

它可以解释成一个具有实部 x 和虚部 y 的复数。根据这个数据序列，有可能构建一个 1-D 周期函数 $f(s) \in \mathbf{C}$ 以描述轮廓的长度。函数 $f(s)$ 的傅里叶变换的系数就可以在频域里描述一个目标的轮廓，其中低频系数描述了形状。

4.10 二值目标的特征

如果你想向其他人描述一幅二值图，那么最差的策略肯定是说明图中所有的像素及它们的值（0 或 1）。这将使其他人感到迷惑。一个较好的方法是使用图中目标的特征，如目标的数量、面积、周长等。这些特征可以通过使计算机处理整幅图或其中的部分而计算得到。另外，这些量可用于区分不同类型的目标，从而可以使用模式识别的技术。

4.10.1 特征

二值目标的一个特征是有一些定量的测度可直接从其像素计算出来。一个简单的例子是目标包含的像素数量，这可通过对目标所包含的元素数量计数而得到。为明确描述一个目标，常将若干特征结合在一个矢量中。该矢量代表了目标的识别标志，并可以用于分类目的。这个特征集合可用来根据目标相对于其特征向量的差异来区分目标。特征要尽量鲁棒，这意味着它们不能被不相关的变化（如平移、放缩和旋转）所影响。

4.10.2 几何特征

一个二值图中的目标 O 可以被看作在 2-D 网格中具有坐标 $\boldsymbol{x}_i = (x_i, y_i)$ 的值为 1 的点的分布，即

$$O = \{x_1, x_2, \cdots, x_N\} = \{(x_1, y_1), (x_2, y_2), \cdots, (x_N, y_N)\} \tag{4.19}$$

为计算大多数集合特性,将一个目标考虑成在邻域准则下的一个值为 1 的像素的集合。

4.10.3 周长

目标 O 的周长由它的外轮廓的长度所决定。如图 4.24 所示,为计算周长需要考虑所用的邻域类型,因为轮廓的周长距离在 4-邻域时要比在 8-邻域时更大。

在 8-邻域的情况下,一个水平或垂直的移动(见图 4.24(b))距离为 1,而对角移动距离是 $\sqrt{2}$。对基于 8-邻域的链码,其周长 $C_C = (c_1, c_2, \cdots, c_M)$,可计算如下:

$$\text{Perimeter}(O) = \sum_{i=1}^{M} \text{Length}(c_i) \tag{4.20}$$

其中,

$$\text{Length}(c_i) = \begin{cases} 1, & c = 0, 2, 4, 6 \\ \sqrt{2}, & c = 1, 3, 5, 7 \end{cases} \tag{4.21}$$

根据式(4.20)和式(4.21)计算的周长常给出超过真实距离的值。在这样的情况下,该值在实际中一般要调整。因此,定义为 $U(O)$ 的新周长值计算如下:

$$U(O) = 0.95 \cdot \text{Perimeter}(O) \tag{4.22}$$

4.10.4 面积

目标 O 的面积可以通过对构成目标的像素简单求和来得到,即

$$\text{Area}(O) = N = |O| \tag{4.23}$$

当需要确定面积的目标不是由一组点集合表达而是由围绕它的轮廓所表达时,可以用它的封闭外轮廓的长度来近似(只有在它不包含内轮廓时)。在这样的情况下,面积可计算如下:

$$\text{Area}(O) = \frac{1}{2} \left| \sum_{i=1}^{M} \{x_i \cdot y_{[(i+1) \bmod M]} - x_{[(i+1) \bmod M]} \cdot y_i\} \right| \tag{4.24}$$

其中,x_i 和 y_i 是目标封闭轮廓上点 $x_1, x_2, \cdots, x_M$ 的坐标。由这些点定义的轮廓用链码 $C_C = (c_1, c_2, \cdots, c_M)$ 定义。几何特征如面积和周长对平移和旋转是鲁棒的。不过,它们对缩放非常敏感。

4.10.5 紧凑度和圆度

紧凑度定义为一个目标的面积及其周长之间的关系。目标的周长 $U(O)$ 乘以一个大于 1 的因子时线性增加。另外,目标的面积以二次方规律增加。因此,目标 O 的紧凑度 $C(O)$ 与这两项相关,具体计算如下:

$$C(O) = \frac{\text{Area}(O)}{U^2(O)} \tag{4.25}$$

这个测度对平移、旋转和缩放不变。紧凑度值对任何半径的圆目标都是 $1/4\pi$。通过对前面因子的归一化,圆度可以计算如下:

$$R(O) = 4\pi \frac{\text{Area}(O)}{U^2(O)} \tag{4.26}$$

$R(O)$ 评判一个目标有多么接近一个圆。$R(O)$ 对圆目标给出最大值(1),而对其他类型的目标,该值处于 0~1 的范围。图 4.25 给出了不同类型目标的圆度值。

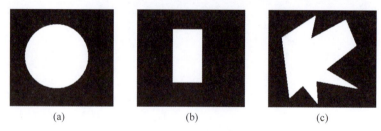

图 4.25　不同目标的圆度值

(a) 1.00；(b) 0.7415；(c) 0.4303

4.10.6　围盒

一个目标的围盒描写包含目标的最小矩形。该矩形由两个点定义:

$$BB(O) = (x_{\min}, x_{\max}, y_{\min}, y_{\max}) \tag{4.27}$$

其中,$(x_{\min}, x_{\max}, y_{\min}, y_{\max})$ 代表各个轴上定义矩形的最小坐标和最大坐标。

参考文献

[1] Lhang Q, Zhu X, Cheng Y. An enhanced image segmentation method based on morphological watershed transform. *Journal of Visual Communication and Image Representation*, 2022, 97, 104242. doi: https.//doi.org/10.1109/ICCIS.2010.69.

[2] Jähne B. *Digital image processing: Concepts, algorithms, and scientific applications*. Springer, 2013.

[3] Burger W, Burge M J. *Digital Image Processing*. Springer, 2016.

[4] Umbaugh S E. *Digital image processing: Principles and applications*. CRC Press, 2010.

[5] Solomon C, Breckon T. *Fundamentals of digital image processing: A practical approach with examples in MATLAB*. Wiley, 2010.

[6] Gose E, Johnsonbaugh R, Jost S. *Pattern recognition and image analysis*. CRC Press, 2017.

[7] Burger W, Burge M J. *Principles of digital image processing: Advanced methods*. Springer, 2010.

[8] Jahne B. *Digital image processing: Concepts, algorithms, and scientific applications* (4th ed.). Springer, 2005.

第 5 章

视频

角 点 检 测

角点被定义为以高梯度值为特征的突出点。然而,这里高梯度值不是仅出现在一个方向(与边缘不同)而是在不同的方向上[1]。考虑到先前的定义,可以将角点可视化为图像中同时属于不同边缘的点。

角点有广泛的应用,如在视频中对目标的跟踪,在立体视觉中对目标结构的排序,在对目标几何特性的测量中作为参考点,或在视觉系统中对相机进行标定[2]。

5.1 图像中的角点

由于角点定义了一个图像中鲁棒和显著的特征,后面将看到对它的定位是不容易的。角点检测的算法需要满足若干重要的特性,例如:
- 从"不重要的"角点中检测出"重要的"角点;
- 在有噪声的环境中检测出角点;
- 能快速地执行以实现实时计算。

自然地,有若干方式可以满足这些特性。多数方案基于在潜在角点对其梯度的测量。边缘定义为图像中梯度值仅在一个方向上很大的点,而角点定义为图像中梯度值在不止一个方向上都很大的点[4]。

用于检测角点的算法采用了图像中沿 x 或 y 方向的一阶或二阶导数来近似梯度值的准则。这类方法中有代表性的一个算法是哈里斯检测器。尽管还有其他一些具备有趣特征和性质的检测器,哈里斯检测器是当前最经常使用的方法。由于这个原因,该算法的描述更为详细[5]。

5.2 哈里斯算法

由哈里斯和斯蒂芬提出的算法基于如下思想:一个角点是图像中梯度值在多个方向同时具有很大值的点。这个算法的特点是具有区分角点和边缘的鲁棒性。另外,这个检测器还具有对方向的高度鲁棒性。因此,角点配准并不重要[6]。

5.2.1 结构矩阵

哈里斯算法基于对一个像素 $I(x,y)$ 沿水平方向和垂直方向的一阶偏导数的扩展,即

$$I_x(x,y) = \frac{\partial I(x,y)}{\partial x}, \quad I_y(x,y) = \frac{\partial I(x,y)}{\partial y} \tag{5.1}$$

对图像中每个像素 (x,y),要计算 3 个量,分别称为 $\mathrm{HE}_{11}(x,y)$、$\mathrm{HE}_{22}(x,y)$ 和 $\mathrm{HE}_{12}(x,y)$:

$$\mathrm{HE}_{11}(x,y) = I_x^2(x,y) \tag{5.2}$$

$$\mathrm{HE}_{22}(x,y) = I_y^2(x,y) \tag{5.3}$$

$$\mathrm{HE}_{12}(x,y) = I_x(x,y) \cdot I_y(x,y) \tag{5.4}$$

这些值可以解释成对定义为结构矩阵 **HE** 的元素的近似:

$$\mathbf{HE} = \begin{bmatrix} \mathrm{HE}_{11} & \mathrm{HE}_{12} \\ \mathrm{HE}_{21} & \mathrm{HE}_{22} \end{bmatrix} \tag{5.5}$$

其中,$\mathrm{HE}_{12} = \mathrm{HE}_{21}$。

5.2.2 结构矩阵的滤波

使用哈里斯算法定位角点需要平滑结构矩阵中元素的值,这是用高斯滤波器 H_σ 与它们卷积而实现的,矩阵 **HE** 细化为矩阵 **E**:

$$\mathbf{E} = \begin{bmatrix} \mathrm{HE}_{11} * H_\sigma & \mathrm{HE}_{12} * H_\sigma \\ \mathrm{HE}_{21} * H_\sigma & \mathrm{HE}_{22} * H_\sigma \end{bmatrix} = \begin{bmatrix} A & C \\ C & B \end{bmatrix} \tag{5.6}$$

5.2.3 本征值和本征矢量的计算

矩阵 **E** 是对称的,所以可以对角化为如下形式:

$$\mathbf{E}' = \begin{bmatrix} \lambda_1 & 0 \\ 0 & \lambda_2 \end{bmatrix} \tag{5.7}$$

其中,λ_1 和 λ_2 是矩阵 **E** 的本征值。这些值根据下式计算:

$$\lambda_{1,2} = \frac{\mathrm{tr}(\mathbf{E})}{2} \pm \sqrt{\left(\frac{\mathrm{tr}(\mathbf{E})}{2}\right)^2 - \det(\mathbf{E})} \tag{5.8}$$

其中,$\mathrm{tr}(\mathbf{E})$ 代表矩阵 **E** 的秩,$\det(\mathbf{E})$ 代表矩阵 **E** 的行列式。展开式(5.8)中的秩和行列式,可得到

$$\lambda_{1,2} = \frac{1}{2}(A + B \pm \sqrt{A^2 - 2AB + B^2 + 4C^2}) \tag{5.9}$$

两个本征值 λ_1 和 λ_2 都是正的,并包含图像中局部结构的重要信息。在图像中,一个均匀区域具有给定的强度值,**E** 的元素值将都等于 0,所以区域中的本征值 $\lambda_1 = \lambda_2 = 0$。但是,在具有值 $\lambda_1 > 0, \lambda_2 = 0$ 的强度阶跃变化处,本征值表达梯度幅度,而本征矢量对应梯度方向。图 5.1 表明 λ_1 和 λ_2 的值给出图像中结构的本质信息。

角点在主方向上具有高梯度值,该值对应于两个特征值的值;在垂直于主方向的方向上

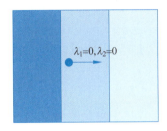 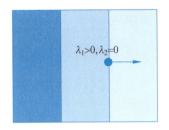

图 5.1 图像中结构的联系及其本征值

具有低梯度值,对应于最小的特征值。因此,可以说要使一个点被认为是角点,本征值 λ_1 和 λ_2 必须具有显著值。因为 $A \geqslant 0, C \geqslant 0$,所以可见 $\text{tr}(E) > 0$。根据这一点,并观察式(5.8)和式(5.9)可得到 $|\lambda_1| \geqslant |\lambda_2|$。考虑到这些信息以及一个角点其两个本征值必须都有显著的幅度,可以知道为识别一个角点,只需考虑为最小值的 λ_2,因为如果此值较大,那么 λ_1 的值也较大。

5.2.4 角点值函数(V)

由式(5.8)和式(5.9)可见,本征值之间的差为

$$\lambda_1 - \lambda_2 = 2\sqrt{\left(\frac{\text{tr}(E)}{2}\right)^2 - \det(E)} \tag{5.10}$$

其中,任何情况下都有 $(1/4)\text{tr}(E) > \det(E)$。在角点处,两个本征值之间的差会很小。哈里斯算法利用这个显著性质,并实现了函数 $V(x,y)$ 作为评价角点存在的指标:

$$V(x,y) = \det(E) - \alpha [\text{tr}(E)]^2 \tag{5.11}$$

根据式(5.6),$V(x,y)$ 可写成

$$V(x,y) = (A \cdot B - C^2) - \alpha (A + B)^2 \tag{5.12}$$

其中,参数 α 控制算法的灵敏度。$V(x,y)$ 定义为角点值函数,它的值越大,对在角点 (x,y) 的特性刻画越好。α 的值固定在 $[0.04, 0.25]$ 范围中。α 的值越大,对角点越不敏感。例如,要使哈里斯算法有较高的灵敏度,需要将 α 的值设为 0.04。所以,如果 α 的值较小,将在图像中发现大量的角点。图 5.2 给出了一幅图像中的 $V(x,y)$ 值。从图 5.2 中可见,图像中的角点对应函数 $V(x,y)$ 的很大值,而边缘和均匀区域 $V(x,y)$ 的值很接近 0。

图 5.2 一幅图像的 $V(x,y)$ 值

彩图

5.2.5 角点的确定

一个像素(x,y)如果满足下列条件,则被认为是潜在的角点:

$$V(x,y) > t_h \tag{5.13}$$

其中,t_h是确定与角点密切关系的阈值。它的典型值在900~10000的范围内,具体依赖于图像的内容。因此,要使用式(5.13),需要一个包含指示条件满足的1(真)和条件不满足的0(假)的二值矩阵。

为了防止由于高灵敏度值α而计算出的角点落入高密集区域,只选择给定邻域内角点值最大的像素。图5.3给出了对这个过程的解释。

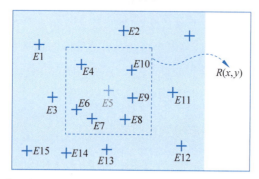

图5.3 获得显著角点的过程:对所有通过阈值t_h而发现的角点,选择一个定义的邻域$R(x,y)$。图中,角点值$E5$相比其他在$R(x,y)$邻域中的$E4$、$E6$、$E7$、$E8$、$E9$和$E10$具有最大的$V(x,y)$值。因此,$E5$被选作有效的角点。

5.2.6 算法实现

因为哈里斯算法被看作一个"复杂的"过程,本节给出一个算法的概要和必须执行以定位图像中角点的步骤。所有步骤都显示在算法5.1中。

算法5.1 用于检测角点的哈里斯算法

```
哈里斯检测器(I(x, y))
1.  使用预处理滤波器平滑原始图像:I' = I * H_p
2.  步骤1:计算角点值函数:V(x, y)
3.  计算沿水平和垂直方向的梯度:
4.  I_x = I' * H_x  和  I_y = I' * H_y
5.  计算结果矩阵元素
6.  HE = [ HE_11  HE_12 ]
         [ HE_21  HE_22 ]
7.  HE_11(x, y) = I_x^2(x, y)
8.  HE_22(x, y) = I_y^2(x, y)
9.  HE_12(x, y) = I_x(x, y) · I_y(x, y)
10. HE_12(x, y) = HE_21(x, y)
11. 使用高斯滤波器平滑元素值
12. E = [ HE_11 * H_σ   HE_12 * H_σ ] = [ A  C ]
        [ HE_21 * H_σ   HE_22 * H_σ ]   [ C  B ]
13. 计算角点值函数的值
14. V(x, y) = (A · B − C^2) − (A + B)^2
```

15. 步骤2:二值化 $V(x, y)$ 的值
16. 使用阈值 t_h 获得二值矩阵
17. $U(x, y) = V(x, y) > t_h$
18. 步骤3:在构建的二值矩阵 $S(x, y)$ 中定位显著角点,对矩阵中显著角点位置赋值1而其他点赋值0
19. 定义一个邻域 $R(x, y)$
20. 初始化 $S(x, y)$ 的所有位置为0
21. **for** 图像的所有坐标(x, y) **do**
22. **if** $[U(x, y) == 1]$ **then**
23. **if** $[V(x, y) \geqslant R(x, y)$的各个矢量$]$ **then**
24. 所有 $S(x, y) = 1$
25. End **for**

从算法5.1可以看到,必须先对原始图像滤波以消除其中可能包含的噪声。在这个步骤中,可以使用一个简单的3×3低通平均滤波器。一旦图像被滤波后,就可获得图像沿水平方向和垂直方向的梯度。有不同的选择来实现这个操作。不过,这里使用了简单的滤波器,如

$$\boldsymbol{H}_x = \begin{bmatrix} -0.5 & 0 & 0.5 \end{bmatrix}, \quad \boldsymbol{H}_y = \begin{bmatrix} -0.5 \\ 0 \\ 0.5 \end{bmatrix} \tag{5.14}$$

或索贝尔滤波器

$$\boldsymbol{H}_x = \begin{bmatrix} -1 & 0 & 1 \\ -2 & 0 & 2 \\ -1 & 0 & 1 \end{bmatrix}, \quad \boldsymbol{H}_y = \begin{bmatrix} -1 & -2 & -1 \\ 0 & 0 & 0 \\ 1 & 2 & 1 \end{bmatrix} \tag{5.15}$$

更多计算梯度的细节和可能性可见第3章。一旦获得了梯度的值,就继续执行算法5.1中第6~12行代码计算结构矩阵的值。

获得计算出的 **HE** 值,如在算法5.1中第11~12行所示,再使用高斯滤波器继续计算 **E**。如2.5.3节所述,高斯滤波器具有如图5.4所示的系数矩阵。

利用 **E** 的值,根据算法5.1中第13~14行所示继续获得每个像素的角点值 $V(x, y)$ 的幅度。

考虑一个合适的 t_h 值,可以根据算法5.1中第16~17行得到二值矩阵 $U(x, y)$。根据矩阵 $U(x, y)$ 中的元素可以获得这些点为潜在角点的信息,所有值为1的元素都将具有大于必要值

图5.4 一个用于平滑的高斯滤波器

(t_h) 的 $V(x, y)$ 值。不过,由于算法的敏感特性(由参数 α 控制)和图像中的噪声,将会有若干角点聚焦在一个具有最大 $V(x, y)$ 值(比其他角点的 $V(x, y)$ 值都大)的点周围。为解决这个问题,要使用算法5.1中第18~25行所描述的步骤3。这里,要使用矩阵 $U(x, y)$ 中的信息,以定位"真正角点"。它们是包含在以测试点为中心的邻域 $R(x, y)$ 里的角点中具有最大 $V(x, y)$ 值的角点。图5.5给出了一系列图像,它们显示了应用算法5.1检测人工合成图像中的角点而得到的一些部分结果。

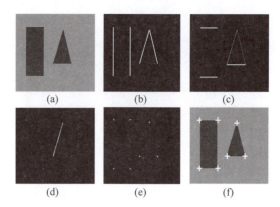

图 5.5 将哈里斯算法应用于一幅人工合成图像而得到的一些部分结果

(a) 原始图像；(b) 图像 $I_x^2(x,y)$；(c) 图像 $I_y^2(x,y)$；(d) 图像 $I_x(x,y) \cdot I_y(x,y)$；
(e) $V(x,y)$ 图像；(f) 带有"真正角点"的原始图像

5.3 用 MATLAB 确定角点位置

尽管 MATLAB 提供了一个识别特性（如角点）的函数，但本节还是直接实现角点检测算法。对哈里斯算法编程将按照算法 5.1 的步骤进行。程序 5.1 给出了完整实现哈里斯算法的 MATLAB 代码。

程序 5.1 哈里斯算法的 MATLAB 实现

```matlab
%%%%%%%%%%%%%%%%%%%%%%%%%%%%%%%%%%%%%%%%%%%%%%%%%%%%
% Implementation of the Harris algorithm
% for corner detection in an image
%%%%%%%%%%%%%%%%%%%%%%%%%%%%%%%%%%%%%%%%%%%%%%%%%%%%
I = imread('fig.jpg');
Ir = rgb2gray(I);
% The size of the image Ir is obtained to which
% the corners will be extracted (STEP 1).
[m,n] = size(Ir);
% Arrays U and S are initialized with zeros
U = zeros(size(Ir));
S = zeros(size(Ir));
% Prefilter coefficient matrix is created % smoothing
h = ones(3,3)/9;
% The original image's datatype is changed to double
Id = double(Ir);
% The image is filtered with the average h filter.
If = imfilter(Id,h);
% The coefficient matrices are generated to
% calculate the horizontal gradient Hx and vertical gradient Hy
Hx = [-0.5 0 0.5];
Hy = [-0.5;0;0.5];
% Horizontal and vertical gradients are calculated
Ix = imfilter(If,Hx);
Iy = imfilter(If,Hy);
```

```matlab
% The coefficients of the matrix of structures are obtained
HE11 = Ix. * Ix;
HE22 = Iy. * Iy;
HE12 = Ix. * Iy;   % y HE21
% The Gaussian filter matrix is created
Hg = [0 1 2 1 0; 1 3 5 3 1;2 5 9 5 2;1 3 5 3 1;0 1 2 1 0];
Hg = Hg * (1/57);
% Structure matrix coefficients are filtered
% with the Gaussian filter
A = imfilter(HE11,Hg);
B = imfilter(HE22,Hg);
C = imfilter(HE12,Hg);
% Set alpha value to 0.1 (Medium Sensitivity)
alpha = 0.1;
% Get the magnitude of the corner value
Rp = A + B;     % Partial result
Rp1 = Rp. * Rp;        % Partial result
% Corner value (Q matrix)
Q = ((A. * B) - (C. * C)) - (alpha * Rp1);
% Threshold value is set
th = 1000;
% The matrix U is obtained (STEP 2).
U = Q > th;
% Set the value of the neighborhood
pixel = 10;
% The largest value of Q is obtained,
% of a neighborhood defined by the pixel variable (STEP 3)
for r = 1:m
for c = 1:n
        if(U(r,c))
            % The left boundary of the neighborhood is defined
            I1 = [r - pixel 1];
            % The right boundary of the neighborhood is defined
            I2 = [r + pixel m];
            % The upper limit of the neighborhood is defined
            I3 = [c - pixel 1];
            % The lower limit of the neighborhood is defined
            I4 = [c + pixel n];
            % The positions are defined considering that their values are relative to r and c.
            datxi = max(I1);
            datxs = min(I2);
            datyi = max(I3)
            datys = min(I4);
            matrix Q is extracted
            Bloc = Q (datxi:1:datxs,datyi:1:datys);
            % The maximum value of the neighborhood is obtained
            MaxB = max(max(Bloc)) ;
            % If the current value of the pixel is the maximum
            % then a 1 is placed in that position in the S matrix.
            If (Q(r,c) == MaxB)
                S (r, c) = 1;
            end
```

```
            end
        end
end
% The original image is displayed I
figure
imshow(I);
% The graphic object is maintained
% so that the other graphic commands have an effect on the displayed image
Hold on
% The calculated corners with the Harris algorithm are drawn over the image
% Ir in the positions where 1s exist within matrix S
for r = 1:m
    for c = 1:n
        if(S (r,c))
            % Where there's a 1, a + symbol is added to de Ir image.
            Plot(c,r,' + ','MarkerSize',8);
        end
    end
end
```

接下来讨论必须要在哈里斯算法编程中考虑的重要方面。第 1 个方面是在将数组 $U(x,y)$ 和 $S(x,y)$ 初始化为 0 时。这是此类应用中的一个标准步骤，其中要定位一些特殊的特征，这些特征在数量上相比图像尺寸（像素数量）要少得多。

根据上面的讨论，使用 0 来初始化数组和放入满足一定性质的元素是非常实用和快速的。所实现的平滑预处理滤波器是一种"盒"类型的滤波器，模板尺寸 3×3，而用来计算梯度的滤波器如式(5.14)所定义。程序 5.1 中所有在图像和滤波器之间的操作都使用 MATLAB 函数 imfilter，该函数已在 2.9.3 节中详细讨论过。

为计算结构矩阵中元素而执行的操作都是逐元素的操作，可使用 MATLAB 的点运算符。即考虑如下表达：

$$A * B \tag{5.16}$$

$$A.*B. \tag{5.17}$$

式(5.16)指图像 A 和 B 之间的矩阵相乘，而式(5.17)定义了矩阵 A 和 B 元素之间点对点的相乘。

程序 5.1 中另一个重要的部分由步骤 3(STEP 3)表示。它包括为选择其 $V(x,y)$ 值在一个区域中为最大值的像素所需的指令。为对该过程进行编程，要对图像进行逐像素的顺序处理，在以所考虑像素为中心的邻域块或区域里发现最大值。为此，块的界限是相对于所讨论的像素位置而设置的。在程序 5.1 中，间隔设置为 10。所以，考虑两个方向，总尺寸为 20。一旦确定了界限，就将块提取出来，并发现最大值。如果块的最大值对应块的中心像素，那么就将该位置 $S(x,y)$ 设为 1。所以 $S(x,y)$ 中的 1 代表图像中找出的角点。图 5.3 显示了围绕所考虑像素，并在其邻域中发现最大值的过程。

点存储在 $S(x,y)$ 里后，就可以显示出来。为执行这个过程，先将图像用 MATLAB 的显示函数 imshow 显示出来。然后，使用命令的句柄，保持图像并将点用画图函数画在上面，每个点放一个加号+。图 5.6 画出了用程序 5.1 在一幅示例图像中检测出的角点。

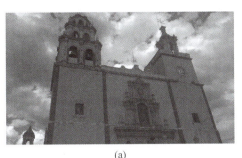

图 5.6 根据哈里斯算法定位的角点

(a) 原始图像；(b) 使用 $\alpha=0.1$ 定位出角点的图像

5.4 其他角点检测器

本节分析几个允许在图像中发现角点的已有检测器，包括博代算子、基尔希和罗森菲尔德算子以及王和布雷迪算子[7]。这里考虑的所有算子都基于海森矩阵的计算。由于这个原因，需要分析这个矩阵的一些细节。

一个有 n 个变量的函数 f 的海森矩阵是一个 $n \times n$ 的方阵，它集合了 f 的二阶偏导数。所以，给定一个有两个变量的实函数 f

$$f(x,y) \tag{5.18}$$

如果 f 的所有二阶偏导数都存在，则 f 的海森矩阵定义为

$$\boldsymbol{H}_f(x,y) \tag{5.19}$$

其中，

$$\boldsymbol{H}_f(x,y) = \begin{bmatrix} \dfrac{\partial^2 f(x,y)}{\partial x^2} & \dfrac{\partial^2 f(x,y)}{\partial x \partial y} \\ \dfrac{\partial^2 f(x,y)}{\partial x \partial y} & \dfrac{\partial^2 f(x,y)}{\partial y^2} \end{bmatrix} \tag{5.20}$$

海森矩阵的元素定义为

$$I_{xx} = \dfrac{\partial^2 f(x,y)}{\partial x^2} \tag{5.21}$$

$$I_{yy} = \dfrac{\partial^2 f(x,y)}{\partial y^2} \tag{5.22}$$

$$I_{xy} = \dfrac{\partial^2 f(x,y)}{\partial x \partial y} \tag{5.23}$$

5.4.1 博代检测器

博代检测器是一个各向同性的算子，它基于对海森矩阵行列式的计算。所以，如果海森矩阵用式(5.20)定义，它的行列式可计算如下：

$$\det[\boldsymbol{H}_f(x,y)] = I_{xx}I_{yy} - I_{xy}^2 \tag{5.24}$$

基于对行列式的计算，博代检测器定义为

$$B(x,y) = \frac{\det[\boldsymbol{H}_f(x,y)]}{(1+I_x^2+I_y^2)^2} \tag{5.25}$$

其中,I_x 和 I_y 定义如下:

$$I_x(x,y) = \frac{\partial f(x,y)}{\partial x}, \quad I_y(x,y) = \frac{\partial f(x,y)}{\partial y} \tag{5.26}$$

类似于梯度,在这个算子下,由 $B(x,y)$ 算出来的超过某个预先确定阈值的点将被考虑为角点。程序 5.2 给出了实现博代检测器的完整程序。

程序 5.2　博代检测器的 MATLAB 实现

```
%%%%%%%%%%%%%%%%%%%%%%%%%%%%%%%%%%%%%%%%%%%%%%%
% Implementation of the Beaudet algorithm
% for corner detection in an image
%%%%%%%%%%%%%%%%%%%%%%%%%%%%%%%%%%%%%%%%%%%%%%%
% The image is loaded to detect the corners.
Iorig = imread('fig8-6.jpg');
% It is then converted to datatype double
% to prevent calculation issues
Im = double(rgb2gray(Iorig));
% The prefilter matrix is defined
h = ones(3)/9;
% The image is filterd
Im = imfilter(Im,h);
% The Sobel filters are defined
sx = [-1,0,1;-2,0,2;-1,0,1];
sy = [-1,-2,-1;0,0,0;1,2,1];
% The first partial derivative is obtained
Ix = imfilter(Im,sx);
Iy = imfilter(Im,sy);

% The second partial derivative is obtained
Ixx = imfilter(Ix,sx);
Iyy = imfilter(Iy,sy);
Ixy = imfilter(Ix,sy);

% The denominator of 8.25 is calculated
B = (1 + Ix.*Ix + Iy.*Iy).^2;
% We obtain the determinant defined in 8.24
A = Ixx.*Iyy - (Ixy).^2
% Calculate the value of B(x,y) of 8.25
B = (A./B);
% The image is scaled
B = (1000/max(max(B)))*B;
% The image is binarized
V1 = (B)> 80;
% The search neighborhood is defined
pixel = 80;
% The largest value of B is obtained from a
% neighborhood defined by the pixel variable
[n,m] = size(V1);
res = zeros(n,m);
for r = 1:n
```

```
       for c = 1:m
           if (V1(r,c))
               I1 = [r - pixel,1];
               I1 = max (I1);
               I2 = [r + pixel,n];
               I2 = min(I2) ;
               I3 = [c - pixel,1];
               I3 = max (I3);
               I4 = [c + pixel,m];
               I4 = min(I4);

               tmp = B(I1:I2,I3:I4);
               maxim = max(max(tmp));
               if(maxim == B(r,c) )
                   res(r,c) = 1;
               end
           end
       end
end
% The calculated corners are drawn over the
% Iorig image in the positions where 1s
% are present within the res matrix
imshow (uint8(Iorig)) ;
hold on
[re, co] = find(res');
plot (re, co,'+') ;
```

图 5.7 给出了用博代检测器在一幅示例图像中检测出的角点。为了教学方便,在下面的例子中采用相同的图像以进行分析和比较。

彩图

图 5.7　根据博代检测器定位的角点

5.4.2　基尔希和罗森菲尔德检测器

基尔希和罗森菲尔德提出了一种基于梯度变化的检测器。基尔希和罗森菲尔德检测器可使用如下模型计算:

$$\mathrm{KR}(x,y) = \frac{I_{xx} \cdot I_y^2 + I_{yy} \cdot I_x^2 - 2I_{xy} \cdot I_{yx}}{I_x^2 + I_y^2} \quad (5.27)$$

在这种方法中,考虑其 KR 值超过预先确定阈值的点为角点。程序 5.3 给出了实现基尔希和罗森菲尔德检测器的完整程序。

程序 5.3 基尔希和罗森菲尔德检测器的 MATLAB 实现

```matlab
%%%%%%%%%%%%%%%%%%%%%%%%%%%%%%%%%%%%%%%%%%%%%%%%
% Implementation of the Kitchen and Rosenfeld algorithm
% for corner detection in an image.
%%%%%%%%%%%%%%%%%%%%%%%%%%%%%%%%%%%%%%%%%%%%%%%%
% The image is loaded to detect the corners.
Iorig = imread('fig8-6.jpg');
% It is then converted to datatype double
% to prevent calculation issues
Im = double(rgb2gray(Iorig));
% The prefilter matrix is defined
h = ones(3)/9;
% The image is filterd
Im = imfilter(Im, h);
% The Sobel filters are defined
sx = [-1,0,1;-2,0,2;-1,0,1];
sy = [-1,-2,-1;0,0,0;1,2,1];
% The first partial derivative is obtained
Ix = imfilter(Im,sx);
Iy = imfilter(Im,sy);
% The second partial derivative is obtained
Ixx = imfilter(Ix,sx);
Iyy = imfilter(Iy,sy);
Ixy = imfilter(Ix,sy);
% The numerator of equation 7.27 is calculated
A = (Ixx.*(Iy.^2)) + (Iyy.*(Ix.^2)) - (2*Ixy.*Iy);
% The denominator of equation 7.27 is calculated
B = (Ix.^2) + (Iy.^2);
% Equation 7.27 is calculated
V = (A./B);
% The image is scaled
V = (1000/max(max(V)))*V;
% The image is binarized
V1 = (V)>40;
% The search neighborhood is defined
pixel = 10;
% The maximum value of V is obtained
% from a neighborhood defined by the pixel variable
[n,m] = size(V1);
res = zeros(n,m);
for r = 1:n      % rows
    for c = 1:m  % cols
        if (V1(r,c))
            I1 = [r-pixel,1];
            I1 = max(I1);
            I2 = [r+pixel,n];
            I2 = min(I2);
            I3 = [c-pixel,1];
            I3 = max(I3);
            I4 = [c+pixel,m];
            I4 = min(I4);

            tmp = V(I1:I2, I3:I4);
```

```
                maxim = max(max(tmp));
                if (maxim == V(r,c))
                  res(r,c) = 1;
                end
            end
        end
end
% The calculated corners are drawn over the Iorig image
% in the positions where there are 1s in the res matrix
imshow(uint8(Iorig));
hold on
[re, co] = find(reso');
plot(re,co,'+');
```

图 5.8 给出了用基尔希和罗森菲尔德检测器在一幅示例图像中检测出的角点。

彩图

图 5.8　根据基尔希和罗森菲尔德检测器在一幅示例图像中检测出的角点

5.4.3　王和布雷迪检测器

检测角点的王和布雷迪算子将图像看作一个表面。在这样的条件下，算法搜索图像中边缘突然改变方向的地方。为此，定义了一个系数 $C(x,y)$，在方向改变处利用下式进行评价：

$$C(x,y) = \nabla^2 I(x,y) + c\,|\nabla I(x,y)| \tag{5.28}$$

其中，c 代表一个标定算法灵敏度的参数，而 $\nabla^2 I(x,y)$ 和 $\nabla I(x,y)$ 如下定义：

$$\begin{aligned}\nabla^2 I(x,y) &= \frac{\partial^2 I(x,y)}{\partial x^2} + \frac{\partial^2 I(x,y)}{\partial y^2} \\ \nabla I(x,y) &= \frac{\partial I(x,y)}{\partial x} + \frac{\partial I(x,y)}{\partial y}\end{aligned} \tag{5.29}$$

因此，为确定一个像素是否为角点，需要一个阈值。在这样的情况下，如果一个像素满足阈值的条件，它就被认为是一个角点。否则，它就不是一个角点。使用在式(3.6)和式(3.7)中定义的导数近似，可以得到

$$\begin{cases}\dfrac{\partial I(x,y)}{\partial x} = -0.5 I(x-1,y) + 0.5 I(x+1,y) \\ \dfrac{\partial I(x,y)}{\partial y} = -0.5 I(x,y-1) + 0.5 I(x,y+1)\end{cases} \tag{5.30}$$

据此，将算子 $\nabla I(x,y)$ 重新写为

$$\begin{cases} \nabla I(x,y) = -0.5I(x-1,y) + 0.5I(x+1,y) - 0.5I(x,y-1) + 0.5I(x,y+1) \\ \nabla I(x,y) = \begin{bmatrix} 0 & -0.5 & 0 \\ -0.5 & 0 & 0.5 \\ 0 & 0.5 & 0 \end{bmatrix} \end{cases} \tag{5.31}$$

类似地，参见式(3.25)和式(3.26)可得到

$$\begin{cases} \dfrac{\partial^2 I(x,y)}{\partial x^2} = I(x+1,y) - 2I(x,y) + I(x-1,y) \\ \dfrac{\partial^2 I(x,y)}{\partial y^2} = I(x,y+1) - 2I(x,y) + I(x,y-1) \end{cases} \tag{5.32}$$

所以，

$$\begin{cases} \nabla^2 I(x,y) = I(x+1,y) + I(x-1,y) + I(x,y+1) + I(x,y-1) - 4I(x,y) \\ \nabla^2 I(x,y) = \begin{bmatrix} 0 & 1 & 0 \\ 1 & -4 & 1 \\ 0 & 1 & 0 \end{bmatrix} \end{cases} \tag{5.33}$$

程序 5.4 给出了实现王和布雷迪检测器的完整程序。

程序 5.4 王和布雷迪检测器的 MATLAB 实现

```
%%%%%%%%%%%%%%%%%%%%%%%%%%%%%%%%%%%%%%%%%%%%%%%%
% Implementation of the Wang and Brady algorithm
% for corner detection in an image
%%%%%%%%%%%%%%%%%%%%%%%%%%%%%%%%%%%%%%%%%%%%%%%%
% The image is loaded to detect the corners.
Iorig = imread('fig8 - 6.jpg');
% It is then converted to datatype double
% to prevent calculation issues
Im = double(rgb2gray(Iorig));
% The prefilter matrix is defined
h = ones (3)/9;
% The image is filtered
Im = imfilter(Im,h);
% The filter described in equation 8.31 is defined
d1 = [0, - 0.5,0; - 0.5,0,0.5;0,0.5,0];
% The filter described in equation 8.33 is defined
d2 = [0,1,0;1, - 4,1;0,1,0];
% Expressions 8.31 and 8.33 are calculated
I1 = imfilter(Im,d1);
I2 = imfilter(Im,d2);
% Sensitivity parameter is defined
C = 4;
% The Wang and Brady operator Eq. 8.28 is calculated
V = (I2 - c * abs(I1));
% The image is scaled
V = ( 1000/max(max(V))) * V;
% The image is binarized
V1 = (V)> 250;
% The search neighborhood is defined
pixel = 40;
% The maximum value of V is obtained
```

```
% from a neighborhood defined by the pixel variable
[n,m] = size(V1);
res = zeros(n,m);
for r = 1:n
    for c = 1:m
        if (V1(r,c))
            I1 = [r - pixel,1];
            I1 = max(I1);
            I2 = [r + pixel,n];
            I2 = min(I2);
            I3 = [c - pixel,1];
            I3 = max(I3)
            I4 = [c + pixel,m];
            I4 = min(I4);

            tmp = V(I1:I2,I3:I4);
            maxim = max(max(tmp));
            if(maxim == V(r,c))
                res (r,c) = 1;
            end
        end
    end
end
% The calculated corners are drawn over the Iorig image
% in the positions where there are 1s in the res matrix
imshow(uint8(Iorig));
hold on
[re,co] = find(res');
plot(re,co,' + ');
```

图 5.9 给出了用王和布雷迪检测器在一幅示例图像中检测出的角点。

图 5.9　根据王和布雷迪检测器在一幅示例图像中检测出的角点

为了显示本节介绍算子的比较情况。图 5.10 给出了使用不同算法的结果，包括哈里斯算法、博代算法、基尔希和罗森菲尔德算法以及王和布雷迪算法。

图 5.10 角点检测器的比较：十哈里斯，○博代，×基尔希和罗森菲尔德，□王和布雷迪

参考文献

[1] Acharya T，Ray A K. *Image processing：Principles and applications*. CRC Press，2017.

[2] Umbaugh S E. *Digital image processing and analysis：Human and computer vision applications with CVIPtools*（2nd ed.）. CRC Press，2017.

[3] Russ J C. *The image processing handbook*（6th ed.）. CRC Press，2011.

[4] McAndrew A. *Introduction to digital image processing with MATLAB*. CRC Press，2017.

[5] Chen J，Zou L H，Zhang J，Dou L H. The comparison and application of corner detection algorithms. *Journal of Multimedia*，2009，4(6)，435-441.

[6] Ye Z，Pei Y，Shi J. An improved algorithm for Harris corner detection. In *2009 2nd International Congress on Image and Signal Processing*. IEEE，2009，1-4.

[7] Mehrotra R，Nichani S，Ranganathan N. Corner detection. *Pattern Recognition*，1990，23（11），1223-1233.

第6章

视频

直 线 检 测

6.1 图像中的结构

一种发现图像中结构的直观方法可以是从边缘上的某个点出发,一步步加入属于整个边缘的像素,从而确定结构。这种逼近既可以在梯度阈值图像上尝试,也可以在分割图像上尝试。不过,这种逼近有可能失败,因为它没有考虑由于噪声和计算梯度或分割算法固有的不确定性而导致的边缘断裂和分支,这些算法没有对图像中寻求的形状采用任何形状准则[1]。

一种完全不同的方法是对图像中的结构进行全局搜索,以某种方式近似或与之前指定的形状类型相关。如图6.1所示,尽管图像中有大量加入的点,但图像中的结构类型对人眼是清晰可辨的。到目前为止,人们还不理解人或动物联系及识别图像中结构的生物机制。一种从计算角度解决这个问题的技术称为哈夫变换[2],本章将对此详细讨论。

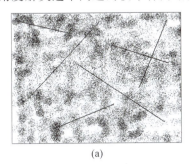
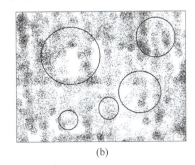

(a)　　　　　　　　　　　　　　(b)

图6.1　人具有的生物机制允许无歧义明确地识别几何参数结构,尽管有噪声点集合加到图像(a)和(b)中

6.2 哈夫变换

哈夫变换是视觉领域中由保罗·哈夫设计并在美国申请专利的一种方法[3]。这个变换可以根据图像中一组分布的点定位参数形状[4]。参数形状包括能用很少的参数描述的直

线、圆或椭圆。由于这些类型的目标(直线、圆和椭圆)常出现在图像中(见图6.2),所以能自动地发现它们很重要。

图 6.2 参数轮廓,如直线、圆和椭圆,常出现在图像中

本章将分析哈夫变换如何在梯度阈值化所产生的二值图像上检测直线,这在许多视觉和图像处理系统中是一种常见的应用[5],对案例的介绍也有助于理解这种变换。2-D空间的直线可用两个实参数描述,如式(6.1)所示。

$$y = kx + d \tag{6.1}$$

其中,k 代表斜率,d 代表截距,即轴上与直线相交的点(见图6.3)。一条通过两个不同点 $p_1 = (x_1, y_1)$ 和 $p_2 = (x_2, y_2)$ 的直线必须满足下列条件:

$$y_1 = kx_1 + d, \quad y_2 = kx_2 + d \tag{6.2}$$

其中,$k, d \in \mathbf{R}$。所以,目的是估计通过属于目标边缘不同点的直线的参数 k 和 d。面对这样的情况,有一个问题:如何可以确定一条线包含哪些可能的点?一种可能的方法是画出图像中所有可能的线并准确地对每条线上的点计数,然后除去所有那些不包含超过某个数量点的线。这是可以做到的,但由于在图像中画出的

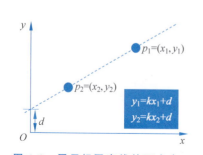

图 6.3 属于相同直线的两个点 p_1 和 p_2 确定了直线的方程,这里需要估计 k 和 d 的值

线的数量可能会非常大,因此这种方法非常低效。

6.2.1 参数空间

哈夫变换用一些不同的方式解决直线检测问题:生成所有可能经过图像中对应边缘点像素的直线[6]。每条经过一个点 $p_0 = (x_0, y_0)$ 的直线 L_p 具有下列方程:

$$L_p : y_0 = kx_0 + d \tag{6.3}$$

其中,k 和 d 的值是变化的(以画出所有可能的具有共同(x_0, y_0)的直线)。式(6.3)中 k 和 d 的解集合对应无穷数量的通过点 p_0 的直线(见图6.4)。给定一个 k,式(6.3)的对应解是

一个 d 的函数,这表明:
$$d = y_0 - kx_0 \qquad (6.4)$$

这是一个直线方程,其中,k 和 d 是变量,而 x_0 和 y_0 是函数中的参数常量。式(6.4)的解集合$\{(k,d)\}$描述了通过点 $\boldsymbol{p}_0 = (x_0, y_0)$ 的所有可能直线的参数。

对给定图像中一个像素 $\boldsymbol{p}_i = (x_i, y_i)$,根据式(6.4),可定义如下直线集合:
$$R_i : d = y_i - kx_i \qquad (6.5)$$

由变量参数 k 和 d 定义的参数空间也称为哈夫参数空间,而固定参数 x_i 和 y_i 定义的空间也称为图像参数空间。两个空间的联系概括在表 6.1 中。

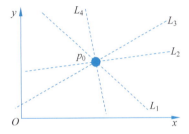

图 6.4 通过相同点 p_0 的直线集合(所有可能通过 p_0 的直线 L_p 都满足 $y_0 = kx_0 + d$,其中,k 和 d 的值都是变化的并决定了各条线之间的差别)

表 6.1 由哈夫线函数返回的结构域

域	描 述
p_1	它是一个 2-元素矢量(x, y),指示了线段的起点
p_2	它是一个 2-元素矢量(x, y),指示了线段的终点
K	一个包含参数 k 是如何线性划分的信息矢量
D	一个包含参数 d 是如何线性划分的信息矢量

图像参数空间的每个点对应哈夫参数空间的一条线。考虑到这一点,需要关心在哈夫参数空间中建立的直线如何相交,这将对应 k 和 d 的值,它们表达了图像空间中对应通过哈夫参数空间直线的点。如图 6.5 所示,直线 R_1 和 R_2 在哈夫参数空间中的点 $\boldsymbol{q} = (k_{12}, d_{12})$ 相交,它们代表图像参数空间的点 $\boldsymbol{p}_1$ 和 $\boldsymbol{p}_2$。所以,图像参数空间的直线有一个斜率 k_{12} 和一个 y 轴上的截距 d_{12}。在哈夫参数空间相交的线越多表示图像参数空间在此直线上的点越多。所以,可以得到结论:

如果 NR 是相交在哈夫参数空间(k', d')处的直线数量,那么在图像参数空间将有 NR 个点落在由 $y = k'x + d'$ 定义的直线上。

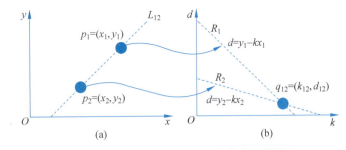

图 6.5 图像参数空间和哈夫参数空间的联系

(a) 图像参数空间;(b) 哈夫参数空间。图像参数空间的点对应哈夫参数空间的线;反过来也成立,哈夫参数空间的点对应图像参数空间的线。在图像中,图像参数空间的点 p_1 和 p_2 对应哈夫参数空间的线 R_1 和 R_2;类似地,哈夫参数空间的 $q = (k_{12}, d_{12})$ 对应图像参数空间的线 L_{12}

6.2.2 累积记录矩阵

基于在哈夫参数空间发现若干条直线相交的坐标可在图像中确定直线。为计算哈夫变换,首先需要以步进方式将与 k 和 d 对应的值范围离散化。当对哈夫参数空间若干条线的交点计数时,要使用一个累积记录矩阵,其中各个元素基于通过该元素的线的数量而增加。以这样的方式,所记录下来的最终个数 N_p 将代表该特定线对应图像参数空间的 N_p 个像素。图 6.6 以图 6.5 中的数据为例说明了这个过程。

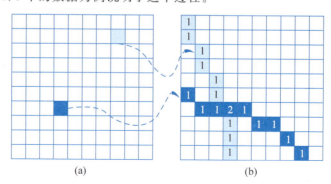

图 6.6 哈夫变换的基本思想

(a) 图像参数空间;(b) 哈夫参数空间的累积记录矩阵。可见累加记录矩阵是哈夫参数空间的离散版本。对图像参数空间的每个点,有一条哈夫参数空间的直线。执行的操作是加法,即每个元素如果直线经过它其值就将加 1。以这种方式,在哈夫参数空间中代表 k 和 d 值的点(对应图像参数空间中的线)将保持一个局部最大值

6.2.3 参数化模型改变

至此介绍了哈夫变换的基本思路。不过,对垂直线有 $k=\infty$,此时如果使用式(6.1)的直线方程就会导致很大的计算误差。更好的选择是使用下列方程:

$$x\cos(\theta) + y\sin(\theta) = r \tag{6.6}$$

它没有奇异点,而且允许线性量化参数 r 和 θ。

图 6.7 图示了式(6.1)的奇异值问题,并表明如何将式(6.6)与直线问题联系起来。

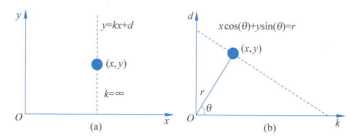

图 6.7 可以用于刻画直线的不同类型的参数。选择(a)给出了试图刻画垂直线的奇异值,此时 $k=\infty$,当选择用这种类型的参数时,各种类型的线都可以表示,但除了那些接近垂直方向的线。更好的方式是利用式(6.6),除了没有奇异值,还能线性量化其参数,其中线和参数之间的联系如(b)所示,其中参考线与由 r 和 θ 定义的矢量垂直

利用式(6.6)来描述直线,哈夫参数空间改变了。哈夫参数空间的坐标 r 和 θ 与图像参数空间的点 $p_i = (x_i, y_i)$ 用下面的方程联系起来:

$$r_{x_i, y_i} = x_i \cos(\theta) + y_i \sin(\theta) \tag{6.7}$$

其中,θ 值的范围是 $0 \leqslant \theta < \pi$(见图 6.8)。如果以图像中心 (x_c, y_c) 作为参考点来定义图像像素坐标(对 x 和 y 都有正的和负的索引),那么 r 的取值范围被限制为由下式定义的

一半：

$$x_{\max} \times y_{\max} \tag{6.8}$$

即

$$r = \left[\sqrt{\left(\frac{M}{2}\right)^2 + \left(\frac{N}{2}\right)^2}\right]_{\max} \tag{6.9}$$

其中，M 和 N 是图像的宽度和高度。

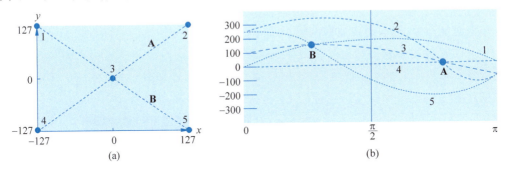

图 6.8　使用检测直线的哈夫算法对一幅简单图像得到的部分结果
(a) 原始图像；(b) 哈夫参数空间中累积记录矩阵记录的最大值

6.3　哈夫变换的实现

算法 6.1 给出了用哈夫变换发现图像中直线参数的方式，这里使用式(6.6)作为直线模型。输入使用了一幅二值图像，它包含边缘信息(采用了第 3 章中介绍的方法提取)。从现在开始，约定图像中的 1 为边界部分的像素，0 为背景部分的像素。

算法 6.1　使用哈夫变换检测直线的算法

```
哈夫变换直线检测器(I(x, y))
MRAcc(θ, r)→累积记录矩阵
(x_c, y_c)→I(x, y)的中心坐标
1. 0→MRAcc(θ, r)
2. for 图像 I(x, y)的所有坐标 do
3.     if [I(x, y)是边界点] then
4.         (x - x_c, y - y_c)→(u, v)
5.         for θ_i = 0~π do
6.             r = u cos(θ_i) + v sin(θ_i)
7.             增加 MRAcc(θ, r)
8.     最终，确定 MRAcc(θ, r)中的最大值
```

作为第 1 步，将所有累积记录矩阵的元素置为 0(语句 1)。然后，二值图像 $I(x,y)$ 被遍历(语句 3)，每次发现一个边缘像素(其值为 1)，执行对参数 θ 的扫描，根据式(6.6)获得 r 的值(语句 5 和语句 6)。不过，为获得 r 的值，这里使用图像 $I(x,y)$ 的中心 (x_c, y_c) 作为参考坐标。对从扫描中获得的每对 (r, θ)，累积记录矩阵都将对应的元素加 1(语句 7)。用这样一个方式，一旦图像中的所有像素都被遍历，记录矩阵就获得了局部最大值(语句 8)，这对应定义图像 $I(x,y)$ 中识别的线的 (r, θ)。为了发现累积记录矩阵中的局部最大值，先要

使用一个阈值,使得只有大于阈值的点能保留下来,然后在图像中进行一个搜索,确定局部最大值。由于有噪声和哈夫参数空间量化不准确的情况,所以可能出现多个接近具有最大值的累积记录矩阵(它的索引 r 和 θ 应代表了对应图像中真实直线的参数)也有较大值的情况。

图 6.9 显示了一系列图像,它们代表算法 6.1 的部分结果。图 6.9(a)是人工合成的原始图像,用来给出使用直线检测的哈夫算法示例。图 6.9(b)显示了使用坎尼算法(见第 3 章)获得的边缘。图 6.9(c)显示了图像累积记录矩阵的内容。可以看出,亮的点代表其值增加很明显的位置,成为表达原始图像 $I(x,y)$ 真实直线所代表的真实参数 r 和 θ 的高度潜在的点。图 6.9(d)显示通过对累积记录矩阵取阈值得到的图像。图 6.9(e)定位了在一定邻域中具有最大值的记录。最后,图 6.9(f)显示了使用具有参数 r 和 θ 的哈夫算法检测出的直线。

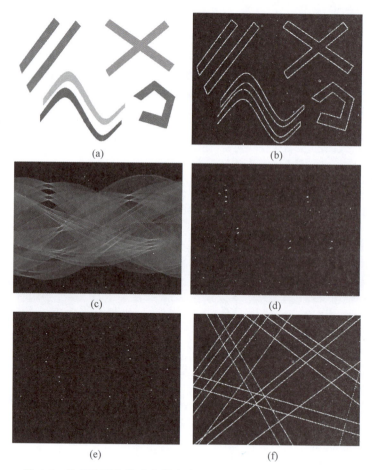

图 6.9 使用检测直线哈夫算法对一幅真实图像得到的部分结果
(a) 原始图像;(b) 原始图像中的边缘;(c) 哈夫参数空间的累积记录矩阵的记录;
(d) 对(c)阈值化的图像;(e) 最大点的位置;(f) 使用哈夫算法检测出的直线

由图 6.9(e)可见,最接近的最大点(5 和 6)十分接近,它们对应图 6.9(a)中的具有相同斜率的平行线,即具有相同的 θ。

6.4 在 MATLAB 中编程实现哈夫变换

本节使用 MATLAB 编程语言来实现检测直线的哈夫变换，需要指出的是，本节没有使用 MATLAB 中已经实现的直接使用哈夫变换检测图像中直线的工具。

为实现哈夫变换，需要考虑 3 部分不同的代码。程序 6.1 给出了实现用于检测直线的哈夫变换的注释代码。

程序 6.1 哈夫变换的 MATLAB 实现

```
clear all
close all
I = imread('lineas.jpg');
I1 = rgb2gray(I);
figure; imshow(I1)
% The edges of the image are obtained using the Sobel method
BW = edge (I1,'Sobel');
figure, imshow(BW)
% The dimensions of the BW binary image are obtained
% where the pixels that have the value of 1 are part of the border,
% while zero would mean that they are part of the background.
[m,n] = size(BW);
% PART 1 (MRAcc is obtained)
% Some participating arrays are initialized
% in processing.
% The accumulation records matrix is initialized
MRAcc = zeros (m, n);
% The matrix where maximum locals obtained are stored
% is initialized
Fin = zeros (m, n);
% The center of the image is defined as
% a coordinate reference
m2 = m/2;
n2 = n/2;
% The maximum value of r is calculated depending on
% the dimensions of the image (see equation 8.9).
rmax = round (sqrt (m2 * m2 + n2 * n2));
% The linear scaling of the
% Hough, Tetha and r parameters is obtained.
iA = pi/n;
ir = (2 * rmax)/m;
% The BW image is traversed paying attention
% to the edge points where BW is one.

for re = 1:m
    for co = 1:n
        if(BW (re,co))
            for an = 1:n
                % The center of the image is
                % considered a reference.
                x = co - n2;
                y = re - m2;
```

```
                    theta = an * iA;
                % we obtain the value of r from 6.6
                    r = round(((x * cos(theta) + y * sin(theta))/ir) + m2);
                    if((r > = 0)&& (r < = m)
                    % The cell corresponding to the parameters
                    % r and theta is increased by one
                        MRAcc (r,an) = MRAcc (r,an) + 1;
                    end
                end
            end
        end
end
% PART 2 (The maximum record is selected locally)
% The MRAcc pixels are segmented by applying 100
% as threshold (th). In this way, the Flag pixels
% that are one will represent those records that
% constitute lines made up of at least 100 points.
% Accumulation record matrix is displayed
figure,imshow(mat2gray(MRAcc))
Bandera = MRAcc > 100;
% The image is displayed after applying the determined threshold
figure,imshow(Bandera)
% A neighborhood of 10 pixels is established
% for the search of the maximum.
pixel = 10;
% The image is swept in search of the
% potential points
for re = 1:m
    for co = 1:n
        if(Bandera(re,co))
            % The search neighborhood
            % region is set
            I1 = [re - pixel 1];
            I2 = [re + pixel m];
            I3 = [co - pixel 1];
            I4 = [co + pixel n];
            datxi = max(I1);
            datxs = min(I2);
            datyi = max(I3);
            datys = min(I4);
            Bloc = MRAcc(datxi:1:datxs,datyi:1:datys);
            MaxB = max(max(Bloc));
            % The pixel of maximum value contained
            % in that neighborhood is selected.
            if (MRAcc (re,co) > = MaxB)
                % The maximum value pixel is marked
                %  in the Fin array.
                Fin(re, co) = 255;
            end
        end
    end
end
```

```
% The image is shown with the maximum points
figure,imshow(Fin)
% The coordinates of the pixels whose value
% was the maximum, which represented the records,
% whose indices represent the parameters of
% the detected lines, are obtained.
[dx,dy] = find (Fin);
% PART 3 (The lines found are displayed).
% The number of lines detected is
% obtained in indx, which implies the number
% of Fin elements.
[indx, nada] = size (dx) ;
rm = m;
cn = n;
apunta = 1;
% The matrix M where the lines found will be
% displayed is initialized to zero
M = zeros (rm, cn);
% All lines found are displayed
for dat = 1: indx
% The values of the parameters of
% the lines found are retrieved
pr = dx (dat);
pa = dy (dat);
% It is considered that the values
% of the parameters are defined considering
% the center of the image
re2 = round (rm/2);
co2 = round (cn/2);
% The values of r and theta are scaled
pvr = (pr - re2) * ir;
pva = pa * (pi/cn);
% The vertical and horizontal projections
% of r are obtained, since r is the vector
% defined at the origin and perpendicular
% to the detected line
x = round(pvr * cos (pva));
y = round(pvr * sin (pva));
% The offset considered is eliminated
% by using the center of the image as a reference
Ptx (apunta)  = x + co2;
Pty (apunta)  = y + re2;
% The considered index is increased to
% point to the parameters found that
% define the number of lines
apunta = apunta + 1;
% The straight line model is scanned with
% the parameters detected and stored in
% the accumulator records matrix.
% First in one direction.
for c = x:1:co2
        r = round((-1 * (x/y) * c) + y + (x * x/y)) + re2;
        if ((r > 0)&&(r < rm))
            M(r,c + co2) = 1;
```

```
        end
    end
MRAcc = mat2gray (MRAcc);
% then in the direction not considered.
for c = x: - 1:1 - co2
        r = round(( - 1 * (x/y) * c) + y + (x * x/y)) + re2;
    if ((r > 0) &&(r < rm) )
            M(r, c + CO2) = 1
    end
    end
end
% display of found lines
figure, imshow(M)
```

在第 1 部分(PART 1),除了初始化一些变量,还实现了算法 6.1 中由步骤 1~步骤 7 指示的哈夫变换。

程序 6.1 的第 2 部分(PART 2)在被视为邻域的块内选择 MRAcc 值最大的像素。为对此编程,需要顺序地对矩阵(对其使用阈值 t_h)逐像素遍历,以发现围绕所考虑点的邻近块或区域 $R(x,y)$ 中的最大值。为此,设置块相对于所讨论像素的尺寸。在程序 6.1 中,这个间隔设置为 10(考虑两个方向就是 20)。一旦确定了尺寸,就提取块并找出最大值。如果块的最大值对应于块相对于扫描过程的中心像素,则将 1 放置在输出矩阵中的该位置,这使得矩阵中有一个索引将对应于原始图像中定义直线的参数。图 6.10 给出了在围绕所考虑点周围的邻域中找到最大值的过程。

在第 3 部分(PART 3),显示使用哈夫变换所发现的直线。为此,考虑参数 r 和 θ 代表了与图像参数空间检测出的直线正交的矢量。为构建显示直线的模型,需要考虑的是,如果矢量的斜率定义为 $m = p_y/p_x$,其中,p_y 和 p_x 分别是这个矢量的垂直和水平投影,那么检测出的直线(与这个矢量正交)的斜率将是 $-p_x/p_y$。图 6.11 给出了说明图示。

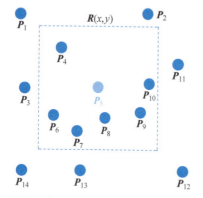
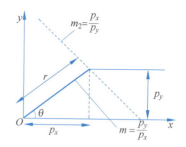

图 6.10　获得显著累积记录矩阵记录的过程。在使用阈值 t_h 得到的所有点中,选择其 MRAcc 值在定义的邻域 $R(x,y)$ 中最大的点。这里,点 P_5 的值相比其他在 $R(x,y)$ 邻域中的 P_4、P_6、P_7、P_8、P_9 和 P_{10} 具有最大的 MRAcc 值

图 6.11　检测到的直线的斜率,它与哈夫变换参数所定义的矢量是正交的

需要指出的是,图 6.9 中的图像是通过执行程序 6.1 得到的,那里对代码的描述可通过图形化方式观察到。

6.5 用 MATLAB 函数检测直线

MATLAB 有 3 个函数：hough、houghpeaks 和 houghlines，当将它们顺序使用时，就可以检测图像中的直线[7]。这些函数的核心是用函数 hough 实现的哈夫变换，而其他两个函数 houghpeaks 和 houghlines 用来帮助检测和显示。

如已提到的，这些函数对一个直线检测应用必须顺序地使用。这些函数中的每一个所执行的操作都对应于程序 6.1 被划分的部分，在 MATLAB 中对相同的功能进行了编码。

函数 hough 实现了哈夫变换，生成累积记录数组；函数 houghpeaks 确定具有检测线参数最大值的记录；最后，函数 houghlines 可以显示由函数 hough 和函数 houghpeaks 结合发现的直线。

函数 hough 允许在一幅二值图像上进行哈夫变换计算，该二值图像包含边缘。这个函数的语法是：

[H,theta,rho] = hough(BW);

其中，BW 是包含边缘的二值图像。函数返回 3 个不同的值：H 是包含累积记录数组，两个矢量 theta 和 rho 包含如何在累积记录数组 H 中线性地分解参数 r 和 θ 的信息。

当函数 hough 按上面的语法使用时，它线性划分参数 r 为 1997 个值和 θ 为 180 个值。所以，累积记录数组的尺寸为 1997×180。rho 的分辨率依赖于图像的尺寸，如式(6.9)所示，而 theta 的分辨率是 1°，因为有 180 个不同的索引来表示 180°。

函数 houghpeaks 允许定位累积记录数组中的最大值。这个函数的语法是：

peak = houghpeaks(H,numpeaks,'Threshold',val);

其中，H 是由函数 hough 计算出的累积记录数组；numpeaks 的值是一个标量，它指定在 H 中识别出的最大值的数量。如果在语法中忽略 numpeaks，其默认值是 1。'Threshold' 也是一个标量，它指定阈值，从而可确定 H 中的最大值。确定累积记录数组正确和合适阈值的一个简单方法是使用所发现最大值的一定比例部分。一个例子是使用表达 $0.5 * \max[H(:)]$，它表明所确定的阈值是最大值记录的 50%。

函数 houghpeaks 得到的结果是一个 $Q \times 2$ 的矩阵，其中，Q 的值为 0~numpeaks(要识别的最大值)，2 对应参数 r 和 θ(确定有最大值的累积记录)的索引。

函数 houghlines 提取图像 BW 中利用哈夫变换计算出来的直线，这是借助结合函数 hough 和函数 houghpeaks 实现的。这个函数的语法是：

lines = houghlines(BW,theta,rho,peaks);

其中，BW 包含通过哈夫变换检测出直线的二值图像；theta 和 rho 是定义线性划分累积记录数组的矢量，它们是由函数 hough 同时计算出来的。另外，peaks 是一个由函数 houghpeaks 计算出来的 $Q \times 2$ 的矩阵，其中 Q 是检测出的直线数，2 是对应参数 r 和 θ 的索引。

函数 houghlines 返回的结果是一个结构数组，称为 lines。一个结构是一组不同类型但有相同名称的数据。这些数据称为域，可用如下格式访问：

Name_of_the_structure.field1 = 3;

所以，在上述例子中，field1 是结构 Name_of_the_structure 的一部分，被赋予值 3。一

个结构数组是一个索引驱动结构的集合,可用如下格式访问:

```
Name_of_the_structure(1).field1 = 3;
```

其中,括号内的值指示用索引 1 确认的一个结构。

结构 lines 具有的域是 point1、point2、theta、rho。它们的含义归纳在表 6.1 中。

最后将给出一个结合 MATLAB 图像处理工具箱中以上介绍的函数,检测图像中直线的示例。

设图像 Im 为希望从中提取直线的图像,如图 6.12 所示,它的边缘使用下列函数提取:

```
BW = edge(Im,'canny',0.1,0.1);
```

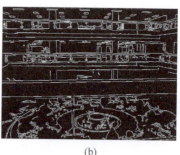

(a)　　　　　　　　　　　　　(b)

图 6.12　使用哈夫变换方法检测到的直线

(a) 原始图像;(b) 检测到的直线

结果如图 6.12(b) 所示。在这幅图像中,通过执行下列函数来进行哈夫变换:

```
[H,theta,rho] = hough(BW);
```

为画出累积记录数组 H,先将该数组从 double 类型转换为 unit8 类型,即

```
Hu = unit8(H);
```

接下来,通过执行以下序列来画图:

```
Imshow(Hu,[],'XData',theta,'YData',rho,'InitialMagnification','fit');
```

其中,参数'XData'和'YData'的值替换矩阵 Hu 的正常索引,参数'InitialMagnification'和'fit'允许整个图像窗口包含要显示的图。结果如图 6.13 所示。还可以用下面的命令改变布局:

```
axis on,axis normal
```

并使用函数:

```
P = houghpeaks(H,8,'Threshold',ceil(0.3*max(H(:))));
```

在累积记录数组 H 中,如果将最大值的 30% 作为阈值,那么最多可获得 8 个具有最高值的点。为显示在累积记录数组中发现的最大点,要执行如下命令序列:

```
hold on
x = theta(P(:,2));
y = rho(P(:,1));
plot(x,y,'s');
```

这允许将目标放在图像中,并获得最大点 x 和 y 坐标的矢量。前面序列获得的图像如图 6.13 所示。

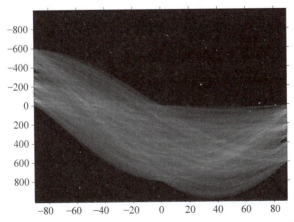

图 6.13　对应图 6.12(a)原始图像的哈夫参数空间的累积记录矩阵

最后,可以得到对应由函数 houghlines 发现的参数的直线。然而,由于需要通过重复的方法放置所有找到的线段,因此编写了一个.m 文件,以找到线段并在 BW 边界图像上逐一显示它们。这个.m 文件在程序 6.2 中给出(见图 6.14)。

程序 6.2　检测线段并在 BW 边界图像上显示线段的程序

```
%%%%%%%%%%%%%%%%%%%%%%%%%%%%%%%%%%%%%%%%%%%%%%%%%%%%%%%%%
%%%
% Program that displays the lines calculated by the
% functions hough,houghpeaks,houghlines over BW

%%%%%%%%%%%%%%%%%%%%%%%%%%%%%%%%%%%%%%%%%%%%%%%%%%%%%%
%%%
clear all
I = imread('fig9 - 14.jpg');
I1 = rgb2gray(I);
BW = edge (I1, 'canny', 0.1, 0.1);
[H, theta,rho] = hough(BW);
Hu = uint8 (H) ;
imshow(Hu, [],'XData',theta,'YData', rho,'InitialMagnification','fit')
axis on, axis normal
P = houghpeaks(H, 8,'threshold', ceil(0.3 * max(H (:))));
hold on
x = theta (P(:,2));
y = rho(P(:,1));
plot (x,y,'s');
lines = houghlines(BW, theta, rho, P);
figure
imshow (BW);
hold on
max_len = 0;
% Arrays of structures found lines that contain the
% values of the lines are swept
for k = 1 :length(lines)
xy = [lines(k).point1; lines(k).point2];
plot (xy (:,1),xy (:,2),'LineWidth',2,'Color','green');
% The start and end of the lines are plotted
```

```
plot (xy (1, 1),xy(1,2),'x','LineWidth',2,'Color','yellow');
plot (xy (2,1),xy(2,2),'x','LineWidth',2,'Color','red');
% Determine the end of the longest segment
len = norm(lines (k).point1 - lines(k).point2);
if( len > max_len)
      max_len = len;
xy_long = xy;
end
end
% Long segments are highlighted
plot(xy_long(:,1), xy_long (:,2),'LineWidth', 2,'Color', 'cyan');
```

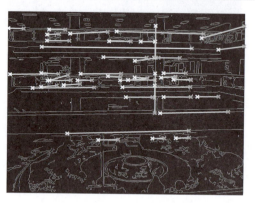

图 6.14　用于放置结合函数 hough、houghpeaks 和 houghlines 所发现线段的边缘图像（为显示线段，使用了程序 6.2 中的代码）

参考文献

[1] Duan D,Xie M,Mo Q,et al. An improved Hough transform for line detection. In *2010 International Conference on Computer Application and System Modeling*（ICCASM 2010）. IEEE,2010,2：V2-354.

[2] Illingworth J,Kittler J. A survey of the Hough transform. *Computer vision，graphics，and image processing*,1988,44(1),87-116.

[3] Kiryati N,Eldar Y,Bruckstein A M. A probabilistic Hough transform. *Pattern Recognition*,1991,24(4),303-316.

[4] Ballard D H. Generalizing the Hough transform to detect arbitrary shapes. *Pattern Recognition*,1981,13(2),111-122.

[5] Hassanein A S,Mohammad S,Sameer M,et al. A survey on Hough transform,theory,techniques and applications,2015. *arXiv preprint arXiv*：1502.02160.

[6] Russ J C. *The image processing handbook*（6th ed.）. CRC Press,2011.

[7] McAndrew A. *Introduction to digital image processing with MATLAB*. CRC Press,2017.